海洋探测仪器

薛　彬　编著

海洋出版社

2020年·北京

内 容 简 介

全书共分绪论、探测波的数学描述与处理基础、海洋成像探测仪器、海洋几何量测量仪器和海洋传感器五部分。本书力图通过通俗易懂的分析、讲解帮助读者掌握基本的海洋探测仪器开发思路，对海洋探测仪器的工作原理、探测模型形成更加深刻的认识；帮助精密仪器专业的读者在构建完整的经典测控仪器知识结构的基础上，将涉及自然信道问题的声呐、雷达等方面的知识进行有机融合，从而扩展相关知识结构；同时还希望为其他相关专业本科高年级学生、研究生及相关研究人员提供有益的知识、思路和观点。

本书可作为海洋技术专业、海洋科学专业及其他涉海专业学生教材，也可作为海洋探测仪器开发技术人员参考用书。

图书在版编目（CIP）数据

海洋探测仪器 / 薛彬编著. -- 北京 : 海洋出版社,2020.8

ISBN 978-7-5210-0628-5

Ⅰ. ①海… Ⅱ. ①薛… Ⅲ. ①海洋调查－探测器－高等学校－教材 Ⅳ. ①P71

中国版本图书馆 CIP 数据核字（2020）第 140862 号

责任编辑：张鹤凌

责任印制：赵麟苏

出版发行：海洋出版社

网　　址：www.oceanpress.com.cn

地　　址：北京市海淀区大慧寺路 8 号

邮　　编：100081

开　　本：787 mm×1 092 mm　1/16

字　　数：210 千字

发 行 部：010-62132549

总 编 室：010-62114335

编 辑 室：010-62100057

承　　印：北京朝阳印刷厂有限责任公司

版　　次：2020 年 8 月第 1 版

印　　次：2020 年 8 月第 1 次印刷

印　　张：10

定　　价：49.00 元

本书如有印、装质量问题可与本社发行部联系调换

前 言

海洋探测仪器是涉海学科与仪器学科的交叉领域。海洋仪器在海洋科学家和仪器研发人员眼中是不同的。对海洋科学家来说，仪器是获取海洋数据的工具，对仪器的认识是从外到内的，关注重点是仪器和海洋的“接口”，比如使用规范、标定方法、数据输出形式等；对仪器研发人员来说，一般会从内到外地看待仪器，关注仪器工作原理、探测体制、信号通路设计，以及“声”“光”“机”“电”“算”等支撑性技术的融合运用，外在表现为仪器的准确度、分辨率、稳定性等指标。同在海洋科学研究中人们对河口、海岸等边界地带的关注和重视一样，学科的边界交叉地带也往往是催生新视角、诞生新原理的关键地带。

海洋科学等涉海学科最接近仪器学科的分支方向当属海洋测量学、海道测量学、海洋调查方法等，这些分支研究中的海洋需求牵引的特色非常明显，几乎走到了海洋科学和仪器科学的边界，但是由于仪器知识体系本身的纵向支撑性，仪器学科更关注工业测量、医疗检测、航空航天等应用领域，而在海洋应用领域的关注度和投入都相对较小。仪器走向海洋的步伐明显滞后于海洋走向仪器，这造成了一个“求大于供”的局面：海洋需求迫切，仪器供应不足。不管在科研中，还是教学上，“仪器走向海洋”的行动都略显迟缓。2018 年 10 月，中国海洋大学校长于志刚作为本科教学工作审核评估专家，调研考察天津大学海洋科学与技术学院时提出“+海洋”的海洋技术专业建设思路，意为机械、精密仪器、计算机乃至数学等上游学科或专业应主动“加到海洋中来”，突破边界限制，充分交叉融合，为海洋发展增添新的助力。

编者正是在教学、科研过程中对现状问题研究总结的基础上，按照“+海洋”的思路，剖析常用海洋探测仪器的工作原理、探测模型（体制）等知识，拨开外化于“形”的“招式”，尽量有层次地呈现出海洋探测仪器的“心法”，力争使读者形成认识、分析、评价、开发海洋探测仪器的主干思路，同时尝试从仪器科学的视角为海洋科学的“仪器观”添加一些新的认识元素，勉强算是在教学上推动仪器走向海洋的一小步。

本书最主要的编写目的是帮助海洋技术专业、海洋科学专业及相关涉海专业的读者掌握基本的海洋探测仪器开发思路，对海洋探测仪器的工作原理、探测模型形成更加深刻的认识；帮助精密仪器专业的读者在构建完整的经典测控仪器知识结构的基础上，将涉及自然信道问题的声呐、雷达等方面的知识进行有机融合，从而扩展相关知识结构；同时还希望为其他相关专业本科高年级学生、研究生及相关研究人员提供有益的知识、思路和观点。

在编写的过程中，限于编者认识和能力的不足，难免出现内容和形式方面的疏漏，还请读者谅解，望提出批评和指正。

薛彬

2020 年 7 月

目　录

第1章　绪　论

作为本书的绪论部分，本章主要介绍海洋探测仪器的定义、特点、趋势、分类、技术剖析和技术指标等。使读者能够对海洋探测仪器形成整体认识，对这一领域的定位与需求形成明确认识。与传统海洋需求和应用的切入角度不同，本章给全书定下的基调使读者能够从一个工程技术人员的角度去剖析和设计海洋探测仪器，这样所获得的知识会更加具体、更加透彻，也更能切实地服务于海洋技术特别是海洋仪器的发展。

1.1　海洋探测仪器的定义与特点

1.1.1　海洋探测仪器的定义

探测兼有感知和测量之意，一般是指对目标形态、方位、辐射、成分、组成等相关的几何、物理、化学、生物等要素进行探查，以获得该认知目标的第一手资料。探测通常强调对远距离、难介入环境中的目标的感知与测量。顾名思义，海洋探测仪器就是在海洋相关环境和条件下的目标探测工具与手段。

海洋探测所感兴趣的目标或者要素散布在各个涉海学科与涉海业务中，比如海洋科学研究所关注的探测目标包括但不限于海流流速、流向，海水温度、盐度、深度，波浪浪高、周期等要素；海洋测量（绘）所关注的探测目标包括但不限于海深、海底地貌、定位姿态、声学参数等；海事所关注的探测目标包括但不限于海上定位、港口环境要素、港口航道回淤情况、船舶污染等；军事上所关注的探测目标则包括但不限于潜艇、水雷、尾流、蛙人等。这些目标在不同学科和业务范畴内彼此交叉，并没有明确的界限和归属。

海洋探测仪器就是以这些潜在的目标为探测对象，基于某种可发生在声波、电磁波、光波等媒介与目标之间的自然科学效应（如多普勒效应），考虑自然（水下、水上）信道通路等限制性边界条件，兼顾分辨率、精度、效率、适用性等指标的一种目标感知测量工具。

业界也有海洋观测仪器、海洋监测仪器的说法，其实对于观测、监测、探测的定义，一直存在争议。通常认为，“观测”（observation）是长期连续性的操作平台，例如英文中的“天文台”，称为 observatory；“监测”（monitoring）是为特定目的而在一段时间或一个区域内开展的测量工作，如某事故后对受污染水体进行持续跟踪和相关数据测量；“探测”（detection）即如前文所介绍。本书将以上可能存在的代替性称呼统称为海洋探测仪器。

1.1.2 海洋探测仪器的工作环境特点

与其他液态物质相比，海水具有许多独特的物理性质，如很大的比热容、介电常数和溶解能力；极小的黏滞性和压缩性等。海水由于溶解了多种物质，性质更加特殊。这不仅影响着海水自身的理化性质，还导致海洋生物与陆地生物的诸多迥异。陆地生物几乎集中栖息于地表上下数十米的范围内，海洋生物的分布则从海面到海底，最深可达 10 000 m；海洋中的近 20 万种动物、1 万余种植物、细菌、病毒等，组成了一个特殊的海洋食物链。再加上与之有关的非生命环境，则形成了一个有机界与无机界相互作用与联系的复杂系统——海洋生态系统。

这些自然过程通过各种形式的能量或物质循环相互影响和制约，结合在一起构成了一个全球规模的、多层次的、复杂的海洋自然系统。

面对这个庞大的自然系统，尽管人类已有航天器、航空飞机/气球、岸/岛基台站、海上船舶/浮标/潜水器、海底观测网等多种探测技术手段，也只能算是管中窥豹，这也告诉我们，未来海洋探测技术发展的前景十分广阔。

与其他环境下的探测仪器相比，海洋探测仪器的工作环境，即海洋环境，有其明显的特点，至少包括以下几个方面。

1）动态性

海水总是处于变化状态，一个地点、一个时刻的一组数据的时效性非常短暂，这决定了海洋探测的实时性、连续性、长期性。在时间尺度上，海洋探测的跨度可以从毫秒级的湍流观测到以十年计的气候观测，甚至更长时间。

2）导电性

由于海水比淡水增加了“盐分”（复杂的溶解矿物质）一项，大洋平均盐度为35，极大地增加了制造和使用海水传感器及仪器的难度，主要体现在海水对仪器的强腐蚀性，使部件之间绝缘性降低造成的漏电降低了系统的可靠性；电磁波几乎没有穿透性，使得数据传输、电磁探测等变得困难。

3）层化性

海水特性随深度的垂直变化（也称层化效应，stratification）远远大于水平变化，即海水的水平方向的均匀一致性（homogeneity，homogeneousness）远远优于垂直方向，因此层化性决定了垂直测量的间隔一般要比水平测量的间隔小 3~4 个数量级，比如温盐垂直测量的间隔在米级，而水平测量的间隔一般在 10 千米量级。

4）仪器锈蚀与生物附着

海水对海洋探测仪器的破坏作用主要有两类，一是溶有各种盐的海水对仪器金属外壳产生的电化学腐蚀；二是海洋生物附着在仪器表面时产生的生物附着。二者都会对仪器的测量精度、工作寿命等产生影响。尤其在水质生态监测中，防生物附着已成为提高测量精度和降低运维成本的关键。

5）压力

世界上最深的海底超过 11 000 m（马里亚纳海沟），而 7 000 m 水深以浅水域面积大约占全球海洋的 99.8%。7 000 m 水深处压强约为 71 MPa，仪器的水密耐压性能成为“全海深”观测、探测的核心结构设计与加工工艺技术的关键。

6）空间可达性

作为全球连通的开放性空间，到海上开展测量工作，或称离岸观测，除了岸基站观测之外，都需要动用船舶。一艘排水量为 1 000 t 的船，每天租用费用高达 6 万元人民币；且受海上水文气象条件的制约，可能无法出航或到达测量位置后无法作业，无功而返。因此，作业空间的可达性对海洋设备的可靠性、可维护性提出了很高的要求。

7）多要素协同困难

与所有复杂系统一样，海水是在多要素的动态、共同作用下运动变化的，需要进行协同观测。例如，在测量其光谱特性时，也需要测量温盐特性、海面风速、水中悬浮物、浮游植物色素、溶解性有机物等，但海洋的动态性和空间可达性给这些要素信息的获得造成了较大困难。

1.1.3　海洋探测仪器的技术特点

针对以上环境特点，海洋探测仪器的设计思路一般分为两类：一是面对，二是回避。第一类设计思路是需要更多地引入有针对性的新技术，比如新型防污材料、新型抗压密封技术等；第二类设计思路则更多地依赖新的探测思路，绕开一些环境限制，如激光在水下衰减严重，就改用声波进行探测，以绕开海水对激光的衰减作用。

1）技术极端性

针对海洋探测环境，常规技术往往不能胜任，比如深海的极限高压、较强的腐蚀性等，这些环境特点使得海洋探测仪器必须具备有针对性地克服某一特定困难的能力。

2）环境适用性

除了技术极端性，海洋探测仪器还必须具有环境适用性。比如水下深远目标探测一般只能利用声波进行，激光、电磁波都无法进行水下的远距离传播，而水上目标的探测就可以充分利用激光、电磁波的高分辨和低衰减优势进行探测，这种适用性其实是基于一种困难回避思路的技术要求。

3）可靠性

海洋探测仪器的应用环境条件与实验室相去甚远。在现场条件下，可靠性就成为关键的技术特点，所谓“皮实耐用”就是对仪器可靠性技术要求的直观表达。这是在样机基础之上的工程化和产品化过程中要重点考虑的技术要求。

4）探测数据的溯源性

实际探测的环境有时会非常恶劣，在这种条件下，对探测数据的溯源性就提出了更高的要求。所谓溯源性就是探测仪器向国家计量基准靠近和维持的能力及程度。比如海水的动态特点，需要多要素协同探测，如果数据不具有良好的基准溯源性，所谓协同就是空谈。基准不统一，也就失去了协同探测的意义。

1.2 海洋探测仪器的分类

1.2.1 按探测要素分类

海洋探测的要素，包括地球上海水的运动参数（物理参数）、化学/生物/地质过程参数、各种要素相互作用的参数，还包括海水里各种类型的目标等。这些观测要素是水文气象、生物化学、水下地貌与地质、大气等学科研究的基础依据，是人类所有涉海活动的前提。对海洋探测仪器的分类可按照探测要求进行，主要的要素包括但不限于以下几类。

1）海洋水文要素

海洋水文要素主要包括海洋中的温度、盐度、海流、海浪、水位、透明度、水色和海发光、海冰等。

2）海洋气象要素

海洋气象要素主要包括海面水平能见度、云、天气现象、海面风、空气温度和湿度、气压、降水、高空气压和温度及湿度、高空风等。

3）海洋地质与地球物理要素

海洋地质与地球物理要素主要包括海底地形地貌、底质（包括悬移质、底质和古生物）、浅层结构和沉积物、热流、重力、地磁、地震调查等。

4）海洋化学要素

海洋化学要素包括海水化学、大气化学、生物体化学、沉积物化学、放射化学调查等。

5）海洋生物要素

海洋生物要素主要包括叶绿素，初级生产力和新生产力，微生物，微微型、微型和小型浮游生物，大、中型浮游生物，鱼类浮游生物，大型底栖生物，小型底栖生物，潮间带生物，污损生物和游泳动物等生物要素。

6）海洋声学特性要素

海洋声学特性要素主要包括海洋声传播调查、海洋环境噪声调查、海洋混响调查和海底声学特性调查等。

7）海洋光学特性要素

海洋光学特性要素主要指海洋表观光学性质、固有光学性质等光学特性要素。

1.2.2　按探测原理分类

1）声学探测仪器

声学探测仪器主要依靠声波进行水下探测，包括成像、测量等，如侧扫声呐、合成孔径声呐、多波束声呐、单波束声呐等都是常见的海洋声学探测仪器。

2）光学探测仪器

光学探测仪器主要是指依靠激光的主动探测仪器和探测以透明度等光学要素为对象的被动探测仪器。激光测深雷达、经纬仪、全站仪、水下相机、能见度仪、水下激光成像设备等都是常见的水下光学探测仪器。

3）电磁/电子探测仪器

电磁/电子探测仪器主要是指依赖电磁波进行探测的仪器和主要依赖电子信号完成测量、传感的水下传感器等。高频地波雷达、X 波段雷达等是典型的依靠电磁波进行海表面要素测量的仪器，水下温盐深仪（conductivity temperature depth，CTD）等则是典型的基于电子信号完成水下物理参数直接传感测量的仪器设备。

4）机械式探测仪器

机械式探测仪器主要依赖机械原理完成要素测量，比较典型的是机械式海流计。另外，海底取样器等装备也属于基于机械原理的海洋探测仪器。

1.2.3 按探测方式分类

1）走航式

走航式是把仪器设备安装在调查船上，在船的行驶过程中完成海洋要素测量，如走航式声学多普勒流速剖面仪（acoustic doppler current profiler，ADCP）测流。另外，走航观测是极地考察的一个重要组成部分，通过走航观测可以获得跨越多个纬度的海洋生物、海洋化学、海洋物理、大气等科学数据。

2）投弃式

投弃式是从调查船、舰艇或飞机上将仪器投入海中，传感器与仪器间的连接、记录通过导线实现。导线将测得的数据传输到船上，由专门仪器记录下来。传感器简单廉价，用后不再回收，这类仪器已相当普遍。

3）悬挂式

悬挂式利用船上的绞车、吊杆从船舷旁把仪器送入海中，在船只锚定或漂流的情况下进行观测。

4）拖曳式

拖曳式是工作时将仪器设备从船尾放入海中，拖在船后进行观测，如拖曳式ADCP、拖曳式CTD等。

5）自返式

自返式是从船（或飞机）上将仪器投入水中，仪器到达预定深度或触及海底时开始测量，完成测量任务或采样装置动作后，仪器通过改变自身的浮力返回海面，由船将仪器回收，而数据记录在仪器内置的数据记录介质上。

1.2.4 按搭载平台分类

1）岸基搭载平台

岸基搭载平台是在沿岸设站，对沿岸海域的水文、气象、生态等要素进行测量。

高频地波雷达、X 波段雷达是近年发展起来的用于岸基海洋观测的主要手段。高频地波雷达可观测 200 km 范围内海面的海风、海浪及海流的信息；X 波段雷达具有经济、实时、灵活便捷和分辨率高的特点，可获取海浪场、海面流场信息。

2）海面搭载平台

海面搭载平台利用在海表面活动的平台进行仪器搭载完成测量，包括船舶、无人艇、锚系浮标、表面漂流浮标以及测波浮标等。船舶是最基本的搭载平台，许多观测工作只能在船上进行；无人艇近年来受到国内外越来越多的关注，未来应用前景广阔；锚系浮标在固定站位长期观测海洋动力环境要素和水-气界面参数，可提供丰富的数据；表面漂流浮标是一种较为经济的海洋探测观测仪器，多参数观测已成为其主要发展方向，浮标随海水自由漂浮，可在很大空间范围内获取海洋和大气环境信息；测波浮标是一种专门用于测量海面波浪特征参数的锚系浮标。

3）天/空基搭载平台

随着科学技术的发展，航天和航空遥感技术逐渐应用于海洋探测，形成天/空基海洋遥感。天/空基海洋遥感具有观测范围广、重复周期短、时空分辨率高等特点，可以在较短时间内对全球海洋成像，可以观测船舶不易到达的海域，可以观测普通方法不易测量或不可观测的参量。飞机、卫星等成为继地面和海面观测的第三大主要海洋探测平台。

4）水下搭载平台

水下搭载平台是利用在水体中活动的平台进行仪器搭载完成测量，包括潜标、自持式剖面探测浮标、自主式潜水器（autonomous underwater vehicle，AUV）及水下滑翔器（autonomous underwater glider，AUG）等。潜标是远海和深海区观测海洋水文气象和水质的重要手段；自持式剖面探测浮标布放后在水下随海流自由漂移，可自动升沉，对海洋剖面环境要素进行观测，可提供温盐场数据以支持大气和海洋等相关科学研究；AUV 和 AUG 可在较短时间内完成大范围观测任务，可回收重复使用。

5）海底基搭载平台

海底基搭载平台是在海床上布放仪器或节点，对水下环境进行定点、长期、连续测量，包括海床基、海啸浮标和海底观测网等。海床基可实现海洋环境定点连续监测，具有观测稳定性好、平台自噪声低的特点；海啸浮标通常布放于深海，通过水下单元实时侦测海啸波，由海面浮标回传信号实现海啸预警功能；海底观测网是布设于海底的多节点网络系统，可实现对海洋环境长期、连续、实时监测。这类技术的核心是水下仪器搭载平台或节点的可靠布放、回收、数据通信及安全技术。

6）生物平台

生物平台是利用海鸟、海龟、海洋哺乳动物、鱼类等，搭载微型探测器和发射器，探测简单的位置和水文要素，研究动物洄游路线、生存条件等。比如，总质量为5~50 g的跟踪器，每天通过低轨（太阳同步轨道）卫星发射2~4次位置，可工作1年左右。

1.2.5 其他分类方式

从强调水声在海洋观测中的重要性，可分为声学仪器和非声学仪器。

从海洋仪器工作的立体空间高度，可分为水下仪器和水上仪器，或“天、空、岸、海”。在此，作者更倾向于“天、空、岸、海、底”的划分，其中“底”表示21世纪开始应用的海底组网观测技术。

从测量点变化上，可分为定点测量和机动测量，定深测量和剖面测量。

按目标可分为环境要素类和目标探测类，如成像仪、声呐等。

从成像和非成像角度可分为成像类和非成像类。

从观测仪器或系统组成部件的功能分类，可分为传感器、水密耐压壳体、水密接插件、线缆、浮体材料、防腐蚀防附着涂料和仪器、通信（电磁波、声、光）、光源、电源等。

从技术与部件涉及的学科分类，还可分为结构类和电子类部件等。

1.2.6 本书的分类方式

前述海洋探测仪器的分类方式不适用本书架构，根据本书知识结构安排，采用按功能分类的方式。

1）按主要功能分类

本书按照海洋探测仪器功能不同进行分类，成像、几何量测量、局部参量传感是本书所关注的三大海洋探测功能性需求。相对应的，本书分章节主要介绍海洋成像仪器、海洋几何量测量仪器、海洋传感器。

成像是解决海洋透明可视化的核心功能性需求之一，海洋与陆地最大的区别之一在于看不见、看不清，而人类的信息获取80%以上来自视觉，这也从侧面说明了成像对于探测未知世界的重要性；几何量测量包括距离、位置、速度、角度等信息的测量，这些几何量组合在一起至少可以满足海洋的定位导航需求以及海底地形、流速等要素的测量需求，因此这些几何量要素是海洋数字化的核心数据；局部参量的传感测量工作包括温盐压等物理参数的测量，含氧量、CO_2浓度等化学参量的测量以及浮游生物等生物参量的测量，这些海洋局部要素是海洋观测精细化的重要数据。获取这些数据依赖于各种海洋传感器的应用。

2）雷达、声呐、传感器对各主要功能的支撑

从以上总结分析可以看出，海洋探测仪器种类繁多，形式各异，但从产品类型来看，总体可分成三大类，即雷达（光/电磁）、声呐和传感器。雷达主要依赖电磁波和光波进行探测，负责海上、海表面可及区域的相关目标要素的感知测量。声呐主要依赖声波，负责水下目标要素的感知测量。这两类在原理上有极大的相似性，都有遥测的特点，可以认为是基于同样的探测模型搭建的探测仪器。而海洋传感器主要解决非遥测性局部精细化测量问题。总的来说，以上三类产品可以完成海洋探测的大部分任务，具有一定的代表性。

3）本书的知识架构

按照本书的分类，选择自下而上的介绍方式，先介绍雷达、声呐、传感器测量的数学模型，直接与上游课程（数学、信号与线性系统、物理等）建立关联，如图1-1中虚线框中内容所示。

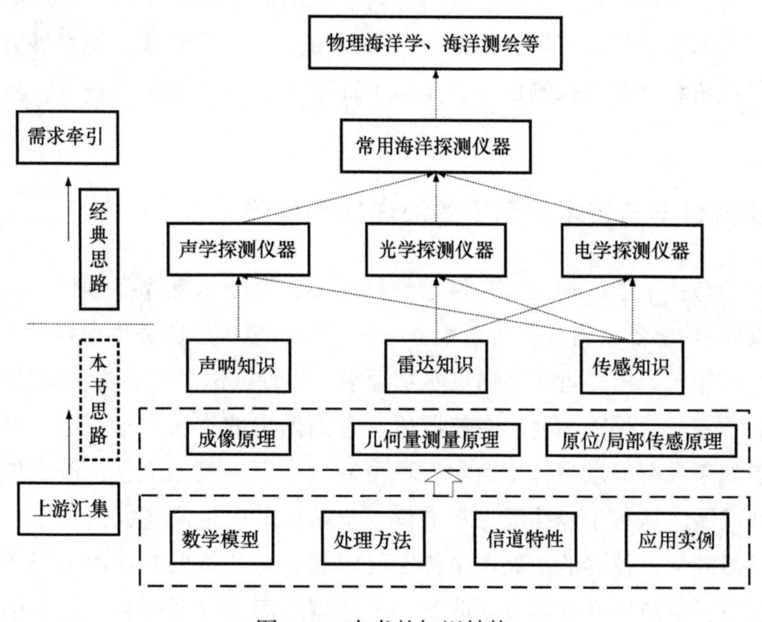

图1-1　本书的知识结构

本书对海洋探测仪器的分类方式和在此基础上构建的知识结构安排与经典讲解方式不同：本书从上游课程汇集到海洋应用，而经典思路是从海洋入手，牵引出相关上游知识。相比较而言，笔者认为本书的知识梳理思路更自然，从上游课程自然

汇集到下游课程，也更有“水到渠成”之势。

1.3 海洋探测仪器的学科交叉内涵

1.3.1 海洋科学视角下的海洋探测仪器

海洋科学是海洋探测仪器的主要服务领域或对象。一个公认的观点是，海洋科学是一门实验科学（或实践科学），也就是说，需要借助现场观测、物理/生物/化学实验和数值模型等手段，通过分析、归纳及数学抽象等方法，研究海洋系统的规律。

海洋科学的发端是建立在“现场观测+理性思维”基础上的，二者相辅相成、不可偏废。尽管本书相关课程是技术类课程，在此依然要特别强调理论思维、系统性思维的重要性。一般来说，领先的海洋探测技术的提出，很多来自海洋科学家，这充分说明了海洋科学学科的牵引作用。

在海洋科学研究系统性思维指导下，海洋探测仪器是一类工具，不管是大型设备如卫星，还是小型设备如 CTD，在海洋科学家的眼里都是工具。虽然海洋科学学家对仪器技术细节不见得了解，但是他们可以牵引海洋探测仪器的发展方向。所以从海洋学科视角看待海洋探测仪器，是自上而下的，是从需求到技术，具有更强的牵引性。

1.3.2 仪器科学与技术视角下的海洋探测仪器

仪器科学与技术学科相比海洋科学学科来说，是技术支撑类学科，以发展研究先进适用仪器/传感器为目标，可以服务海洋科学，也可以服务生命科学、工业测量等很多学科和领域。留心近年来诺贝尔物理学、生理或医学奖颁奖情况就可以发现，相当比例的学者获奖是因为他们在仪器研发方面做出的杰出贡献。这一点是显而易见的，试想如果没有显微镜，生命学科不可能有今天的发展成就；没有望远镜，天文学就无从发展。从基于经纬仪、水准仪、全站仪的大地测量，到基于遥测相机的航空航天摄影测量，仪器的发展在学科发展中起着至关重要的作用。海洋科学以海洋为研究对象，更离不开仪器以获取第一手数据。而在仪器研究人员眼里，用来进行海洋探测的侧扫声呐和用来进行人体检查的 B 超没有本质上的区别，进行测深的单波束声呐的原理与无人驾驶汽车雷达是相同的。所以仪器学科的视角是从技术到需求，自下而上，看问题比较扎实，更易解决实际具体问题。

1.3.3　海洋探测仪器的学科交叉发展趋势

不管是自上而下的海洋科学家视角，还是自下而上的仪器工程师视角，都不见得可以独立把海洋探测仪器做好。从知识结构上讲，海洋科学家和仪器工程师各有所长，二者如果能够有机结合，优势互补，整体知识结构就会比较完整，非常适合解决海洋探测仪器这个交叉专业问题。

在此引用海洋科学导论课程中的一个观点："任何自然规律中边界地带始终处于关键地位，如海洋底边界——海洋沉积和海底岩石圈，海洋侧边界——河口、海岸带，海洋上边界——海面上的大气边界层。"以学科为研究对象的话，套用这个观点，学科交叉的边界地带一定深藏着关键的、甚至是决定性的"通路"，它是通往真理的必经之路。从海洋学科的角度为海洋探测仪器确定发展路线，从仪器学科的角度为海洋探测仪器确定技术路线，两条路线相辅相成，缺一不可。

1.4　海洋探测仪器的技术剖析

本书将海洋探测仪器划分为声呐、雷达、传感器三类基本满足大部分海洋探测的需要。声呐技术原本为水下探测服务，电磁波雷达最初也是为了服务海军和航海需求，所以将声呐、雷达放到海洋探测仪器中来讲，本身并没有内涵上的偏离，反倒带有"归宗"意味。虽然传感器并不是为海洋而生，但在海洋探测应用中，传感器从陆地强势挺进海洋，为海洋精细化测量提供了必不可少的工具。

不管是声呐、雷达还是传感器，虽然外在形式各不相同，但是从仪器开发的角度来看，它们的技术思路是一致的，至少是相似的。整体技术路线都可分为：探测媒介的选用、探测信道的利用或设计（传感器中的信号通道主要是设计工作）、探测机理的利用、探测方式或探测体制的设计以及外围支撑性技术、数据保障技术以及海试和产品化技术的运用。

1.4.1　探测媒介

可用于海洋探测仪器的探测媒介目前来看主要是声波、电磁波、光波（激光），在传感器中，主要承载信号的也是电子信号，属长波电磁波。所以总的来讲，可使用的探测媒介无非就是这些已知的信息承载物理量。但是每一种探测媒介的适用条件不一样，比如声波是水下目标探测的主流技术，因为声波是唯一已知的可以水下远距离传送信息的物理媒介。而电磁波在水下的有效传播距离非常短，特别是高频电磁波，会很快被海水吸收，所以利用电磁波进行水下目标探测不是主流技术，虽然这类技术也一直在蓬勃发展，但还是主要依赖长波、超长波来尽量提升水下传播距离。20 世纪 60 年代激光技术出现以后，利用激光作为新的信息承载媒介，并应用于雷达探测体制上，形成了很多非常有价值的应用。在海洋探测中，就有激光测深雷达、水下激光测距等高精度探测应用出现，但是光波依然不是水下信息承载的理想媒介，它的主要“战场”还是在水面以上或者海面目标的探测识别中。而电子信号目前还是所有仪器设备必须使用的信号承载媒介，即使用光、声、电磁波进行的远程遥测，接收到的信号也要转换为电子信号，所以对电子信号处理技术的学习是进行仪器开发的基础。

1.4.2 探测信道

信道一般指通信系统中，信号发射端和接收端之间的通路。在海洋探测仪器中，信道的概念同样重要，能够牵引出海洋探测的很多现实问题。雷达和声呐的探测都属遥测式。信号在传输过程中会遇到很多意想不到的问题，这是自然信道给海洋探测带来的巨大挑战。在通信系统中，有很多处理各种信道问题的技术方法，这些都可以移植到海洋探测应用中来。

相比自然信道，信号通路逐渐出现在各种技术类课程中，即传感器的信号通路，这里可以对应人工信道的概念。传感器信号通路一般不会有很长的物理距离，但是需要应用很多技术方法对信号通路进行人为设计，比如对信号的放大、滤波、转换等操作，都是人工信道设计要解决的问题，即信号调理和处理工作。这类人工信道以金属电缆/线为物质基础，电子信号承载着探测到的第一手信息，必须对人工信道进行尽可能安全的保护，才能保证探测到的信息有效、准确地传递到后端。

1.4.3 探测机理

探测机理就是实施探测所依赖的自然科学效应，主要包括各种在探测媒介与目标之间发生的自然科学效应，比如实施速度测量时所使用的多普勒效应，探测地形地貌时所使用的反射、散射效应等，都是海洋探测所依赖的自然规律。在本书的第 5 章海洋传感器中对这方面有较详细的论述。简单来讲，海洋探测所依赖的机理是发现级的工作，属于科学发现工作，依赖某个自然科学效应实现的仪器，可以帮助科学家进一步完成更复杂的原理发现，这是仪器技术与自然科学彼此依赖、互相促进的衔接点。

1.4.4 探测体制

探测体制是海洋探测仪器特别是声呐、雷达等遥测型海洋探测仪器的关键问题，宏观地讲，它是探测机理与自然条件限制相互影响的结果。比如，声呐探测方式（体制）是拖曳式还是放在船的侧舷，要结合海洋探测环境、海洋探测目标、探测机理特点等诸多要素综合考虑后选择优化的探测方案。一般一种探测体制确定下来以后，就会一直在这个体制上进行调整以满足各种不同的应用要求。目前，雷达的现行探测体制主要包括相控阵、合成孔径、脉冲多普勒等。这些探测体制都是综合考虑了目标特点、探测分辨率、探测效率以及搭载平台限制等诸多要素形成的。声呐探测中的拖曳式、侧扫式也是目前的主流探测体制。

1.4.5 外围支撑技术

遥测型海洋探测仪器不必长期处于现场，但对海洋传感器来说，则需要长期置于海水中进行作业，现场环境会产生很多问题，主要包括以下几个方面。

1）接插件技术

接插件技术对于一般的陆地仪器而言并不太会引起重视，然而对水下仪器而言则是问题关键，很多时候测量问题是由接插件故障引起的。水下仪器的接插件造价不菲，从千元到几十万元人民币不等。例如，水下湿拔插接件是海底观测网的核心部件之一，近年来全世界也只有一家公司（ODI公司）可以制造符合要求的湿拔插水密接插件，且湿拔插接头的寿命次数只有50~100次。

2）防腐和防生物附着技术

在结构部分，由于海水的强烈腐蚀性，可能一颗锈蚀的螺钉或含杂质的金属壳体的“点蚀”即会导致少则几万多则上百万元的系统失效。海洋腐蚀主要是局部腐蚀，即从构件表面开始，在很小区域内发生的腐蚀，如电偶腐蚀、点腐蚀、缝隙腐蚀等。通常，金属构件在飞溅区（指风、浪等激起的飞沫可溅散区域）的腐蚀率最高。防止海洋腐蚀的措施，除正确选材、结构设计及加工工艺外，还可以采取以下几种措施：①采用防腐涂料；②采用耐腐蚀材料包覆；③设计足够的腐蚀裕量；④根据电化学原理采用牺牲阳极等。

防生物附着方面，主要是针对海洋生物对仪器和传感器的玷污，开展多种手段“综合”整治，如使用缓释毒药或辣素，包裹铜片，注入漂白液，紫外发光二极管光照射，采用生物不易附着的聚甲醛、聚脲高分子材料等。

3）供电技术

解决供电问题，首先考虑的是大容量电池组，包括低成本铅酸蓄电池、一次性大容量锂电池、可反复使用的可充电锂电池、大功率高速充放电的超级电容器电池等，目前大容量锂电池的安全性依然是一个没有彻底解决的问题。其次是可再生能源的使用，依次是太阳能、小型风能、波浪能等。再次是由电缆供电的近距离、低成本离岸系统供电，但其上岸段的耐久性、电缆的可维护性等，都具有很大挑战。

基于海底光电复合缆的海底观测网系统（seafloor cabled observatory）采用岸基站长距离或大型浮标直流供电方式，可为仪器提供数千瓦功率，使得水下仪器长期供电技术得到了很大的发展。但这种方式造价昂贵，每千米造价（含铺设费用）超过 60 万元。

4）通信技术

离岸通信问题，是制约观测能力提升的另一个重要因素。需要综合考虑观测系统的离岸距离、数据量、安全性、通信成本、功耗、体积、质量等多种因素。

（1）Argos 通信。国际上最轻便的终端通信系统是 Argos，系统由美国和法国主导研发。一个典型案例是，适于鸟身上背负的定位跟踪器，总质量 5 g，每天 4 次发射位置，可以使用 1 年。但 Argos 的缺点是不能定时或实时通信，要依靠太阳同步轨道（700~1 000 km 高度）卫星的过境，只适于 kB 级的数据传输，且数据第一落地在法国或美国，然后再推送给全球用户，在数据安全上存在隐患。

（2）北斗通信（简称 BD 或 Compass）。我国自主研发的北斗系统，自主可控、安全，采用短报文方式，但速度慢，普通用户每分钟仅能发送 72 字节，由于卫星轨道在地球同步轨道（36 000 km），假设其卫星上接收器的灵敏度与 Argos 的一样，则海上仪器的终端发射功率需要增加 $36^2 \approx 1\ 300$ 倍，因此其可应用性受到很大限制。

（3）海底光电通信。近 20 年来，随着通信光缆技术在海底观测网中的应用，水下仪器阵列的大容量高速数据通信问题得到了根本性解决，通信骨干网络的通信容量可达到 100 Gbit/s；最大无中继水下通信距离已达到 600 km（常规 200 km）；考虑电缆铺设、水下接驳设备等，其综合造价每千米可达 100 万元人民币。

1.4.6 数据质量保障技术

数据质量保障主要指海洋探测仪器的定标和计量检定方面的工作。为了使仪器测量的数据可信，必须对仪器进行周期检定。每台仪器的计量检定费用从数千元（比如风速、风向）到数万元（光学仪器辐射定标）甚至数十万元（微波、特殊声学）不等，对于太空海洋观测仪器的定标，甚至高达几百上千万元。

2012 年，我国颁布的《海洋观测预报管理条例》第十五条明确规定，“海洋观测使用的仪器设备应当符合国家有关产品标准、规范和海洋观测技术要求。海洋观测计量器具应当依法经计量检定合格。未经检定、检定不合格或者超过检定周期的计量器具，不得用于海洋观测。对不具备检定条件的海洋观测计量器具，应当通过校准保证量值溯源。”

对于任何一台仪器，除了功能之外，必须首先关注其定标系数是否在有效计量检定期内。具体的内容，可以参见由高占科等主编的《海洋仪器设备实验室检测方法》。有兴趣的读者还可到海洋学和海洋气象学联合技术委员会（The Joint WMO/IOC Technical Commission for Oceanography and Marine Meteorology，JCOMM）、国家海洋标准计量中心、专业仪器公司的网页了解相关情况。

1.4.7 海试与产品化技术

如果要让一种新仪器成熟化，其海试费用与研发费用之比，曾有人估算至少是 10∶1。对于某个测量技术的产品化，其海试费用，不含工艺流程体系的建设，可达研制费用的 30~60 倍。

海洋试验和陆地试验的差异是巨大的，超出首次接触或海洋经验不足的人员的想象。一个典型的例子就是，“国家高技术研究发展计划”（863 计划）中海洋领域与某部水文气象局组织的一个测波雷达比测试验，岸基测波雷达试验基本完成预期目的，但船载测波雷达试验由于海试困难未能开展。究其原因，船载测波雷达需要在不同海况下测试其测波性能，在高海况条件下，船舶一般无法出海，海浪比测用的波浪浮标难以布放回收，船舶租赁费用高。即使在确定了租期后有可能风平浪静亦有可能无法出海，出海后预留的试验时间和时机可能都无法满足要求。

对于初进入海洋领域的研发团队而言，低级错误造成的后果在海试中不断暴露，且一般不可挽回。如本应采用不锈钢螺丝的地方用了普通白钢螺丝，导致某设备太阳能板锈蚀进水，出海费用和仪器损失费用高达 50 余万元；海上设备的一个接头故障，就能导致百万元级的设备损失和试验终止；非专业定制的大容量电池组爆炸，甚至可能造成人员伤亡和巨大财产损失等。

因此，海洋仪器的海试，一般需要在前期专门设计复核、实验室内反复实验测试、老化与环境试验、水池试验、湖试的基础上，才能进行海试，否则基本上是浪费人力、物力。海试需要进行周密计划，制订海试大纲并进行评审。海试大纲主要包括：海试的目的及意义、试验准备、试验条件、试验时间、试验海域的自然环境、比测设备、比测方法、数据处理方法、评价方法、工具、试验记录表格及数据记录与存储要求、意外风险防范措施、人员分工、经费等。其中海试经费中必须包括人员与仪器设备保险。试验结束后给出试验报告，汇交试验数据等。任何未经海试检验的海洋仪器理想化设计和加工，都可能存在巨大的风险和问题。

海洋探测仪器的这些技术特点，决定了其产品化的特点：① 小批量，多品种；② 专业化定制、小而精的专业化公司和团队；③ 前期需要大量的投入，创新门槛高；④ 产品更新换代周期长，一般在 3 年以上，核心技术可能 20 年没有变化。

1.5 海洋探测仪器的关键技术指标

对于探测来说，人们往往关心能测多远、测多精、测多快、测多准，这些性能分别反映在仪器探测距离、分辨率、响应速度、重复性和准确性等指标上。

1.5.1 探测距离

对遥测式海洋探测仪器，人们最关心的指标是探测距离，就是可以对多远的目标进行探测。传感器因直接置于海中进行原位定点测量，一般不考虑距离指标。对雷达、声呐来说，距离指标是由雷达方程和声呐方程来描述的，下面进行简单介绍。

1）雷达方程

考虑带有全向天线的雷达，这种天线辐射的能量均匀分布在球面上，所以空间任意一点的峰值功率密度可定义为

$$P_{\mathrm{D}}=\frac{P_{\mathrm{t}}}{4\pi R^2} \tag{1-1}$$

式中，P_{t} 是峰值功率；R 是辐射半径。

实际雷达使用定向天线，其增益可表达为

$$G=\frac{4\pi A_{\mathrm{e}}}{\lambda^2} \tag{1-2}$$

式中，A_{e} 是天线有效孔径，由此可以看出要想提高天线增益，需增加天线尺寸；λ 是电磁波波长。此时，雷达在距离 R 处的峰值功率密度可表达为

$$P_{\mathrm{D}}=\frac{GP_{\mathrm{t}}}{4\pi R^2} \tag{1-3}$$

电磁波在目标处发生损失，功率密度的损失比值为

$$\sigma=\frac{P_{\mathrm{r}}}{P_{\mathrm{D}}} \tag{1-4}$$

式中，P_{r} 为目标功率密度。那么，从目标反射后，再传播到天线处，在天线 A_{e} 的接收面积上，得到的功率密度为

$$P_{\mathrm{Dr}}=\frac{P_{\mathrm{t}}G\sigma}{(4\pi R^2)^2}A_{\mathrm{e}} \tag{1-5}$$

将式（1-2）转变为 A_{e} 的表达式后代入式（1-5），得

$$P_{\mathrm{Dr}}=\frac{P_{\mathrm{t}}G^2\lambda^2\sigma}{(4\pi)^3R^4} \tag{1-6}$$

所以，如果令 $S_{\min}$ 为最小可探测功率，则雷达最大探测距离 $R_{\max}$ 为

$$R_{\max} = \left[\frac{P_{t} G^{2} \lambda^{2} \sigma}{(4\pi)^{3} S_{\min}}\right]^{\frac{1}{4}} \tag{1-7}$$

式（1-7）就是雷达方程，它在理论上决定可探测的最大距离。实际应用中，会考虑到噪声问题，探测距离会受影响，但原理不变。

2）声呐方程

声呐方程的思路和雷达方程一样，在表达方式上用指数加减的方式，省去实际数值的乘除运算，下面简要介绍主动声呐方程。

考虑收发合置的主动声呐方程，其辐射声源级为 SL；并设接收阵的接收指向性指数为 DI；由声源到目标的传播损失为 TL；目标强度为 TS；时空处理器的检测阈为 DT；背景干扰为环境噪声，其声级为 NL。假设发射级 SL 传播到目标，声级降为 $SL - TL$。目标作用后，返回方向上声级变为 $SL - TL + TS$，传播到接收阵声级降为 $SL - 2TL + TS$。接收阵处由于噪声的存在以及声波指向性对噪声的抑制作用，到达接收阵时的信噪声比（以分贝表示，即上述指数形式）为

$$SL - 2TL + TS - (NL - DI) \tag{1-8}$$

如果式（1-8）等于检测阈 DT，此时就是声呐可探测的最大距离，最大距离由式（1-9）约束

$$SL - 2TL + TS - (NL - DI) = DT \tag{1-9}$$

本章不详细解释每一个参数的原理，在后面章节中涉及时会详细讲解。这里只给出思路和数学表达。除了主动声呐方程，还有被动声呐方程，形式与式（1-9）相似，这里不赘述。

1.5.2　分辨率

分辨率指标在一般的测量中都会用到，它是指能被区分的最小量。对于成像来说，分辨率指标非常重要，它决定了图像是否足够清晰；对于测距来说，分辨率就是能分辨的最小距离值，与成像分辨率没有本质差别。分辨率本质上讲是由探测波的衍射特性所导致，德国著名科学家恩斯特·阿贝在研究成像问题时给出了经典的衍射极限公式

$$d = \frac{\lambda}{2n\sin\frac{\theta}{2}} \tag{1-10}$$

式中，d 是分辨率；λ 是波长；n 是折射率，空气中成像 $n = 1$；θ 是目标点和接收孔径边缘处形成的张角。式（1-10）表达了一般意义上的分辨率理论极限，将在第 3 章

详细讲解。

1.5.3 响应速度

对于一个探测系统来说，一般只能工作在一定的响应速度范围内，不可能做出无限快的响应。这在理论上取决于系统能对多高频率的信号做出线性的反应。激光探测一般会比声学探测有更快的响应，这是因为激光工作频率高，单位时间传递的信息量大。

1.5.4 重复性和准确性

重复性是指对同一个量反复进行测量，得到的测量结果的一致程度，它是一个方差的概念。如果测量结果的方差越小，则说明重复性越好，反之就说明重复性差。但它与准确性不一样，准确性是指测量最终结果与真实值之间的差距。二者间的关系就好像打靶，重复性好说明每次打中的位置都差不多，但可能都离靶心有点偏差，聚集在离靶心有一段距离的一个小区域；而准确性好说明打靶结果离靶心很近，即使可能整体比较分散，但平均值离靶心很近。

重复性和准确性是传感器的核心指标。能保证重复性分辨率，就说明仪器已经具备了测量能力，再通过标定等手段提高准确性，就能将仪器性能发挥到最好。

1.6 本书的组织结构

本书一共包括 5 个章节，按功能整体覆盖海洋探测仪器中原理、模型层面的知识，包括探测波的数学描述与计算问题、成像仪器模型、距离等几何量测量仪器模型、传感器一般结构模型。这些知识如同“心法”，会帮助读者对这一类探测问题形成整体认识，搭建一个相对稳固的知识结构，但技术细节处尚需读者自行补充。全书架构详细安排如下。

第 1 章对海洋探测仪器的定义、特点、学科内涵、技术结构及技术指标进行整体介绍，使读者对海洋探测仪器形成整体认识。

第 2 章介绍常用于海洋探测的声波、电磁（光）波的数学描述，从各自的物理机制进行数理推导，得到可用统一数学工具对探测波进行描述的结论。在此基础上，还介绍了探测波的一般处理方法，经典的如傅里叶变换、拉普拉斯变换等。现代处理方法主要基于随机过程理论对信号进行计算处理，这些内容将为后续具体探测仪器模型的学习打下数学基础。

第 3 章针对海洋成像探测仪器，介绍成像的基本数学模型，包括几何模型、波动模型，并对成像的核心指标——分辨率进行详细介绍。在此基础上，对常用于海洋探测的合成孔径雷达/声呐、侧扫雷达/声呐等模型进行介绍，使读者对成像问题在模型层次上形成统一认识。

第 4 章针对海洋几何量测量仪器进行介绍。几何量包括距离、角度、速度等，这些基本几何量组合在一起可以实现很多海洋上的测量功能，比如定位、导航等。书中还分别给出了经典的距离测量模型、角度测量模型和速度测量模型，并在此基础上，对常用海洋几何量测量仪器，如多波束测深仪、ADCP 等进行模型剖析，使读者对这一类仪器模型形成统一认识。

第 5 章针对海洋传感器进行介绍。海洋传感器看似与声呐、雷达等遥测式探测模式有比较大的区别。但仔细分析可发现，仪器构建思路是一样的。第 5 章的最主要作用在于将传感器设计问题与遥测式声呐、雷达等探测模型有机地融合在一起。从仪器开发设计的角度来看，这些海洋探测仪器的数学模型和设计思路是一致的。在此基础上，分别就传感器信号通路设计中遇到的信号放大滤波、信号转换、估计方法等进行了统一介绍，以帮助读者理解传感器（仪器）研发设计并形成统一认识。

1.7　小结

本章从一个相对高的视角，对海洋探测仪器进行了解读和剖析；对海洋探测仪器的定义、特点、分类等基本问题进行了讲解，特别介绍了海洋探测仪器这一交叉学科的内涵，分别从海洋科学家和仪器工程师的视角解读了海洋探测仪器；进而进行了海洋探测仪器的技术剖析和关键技术指标讲解，认为按成像、几何量测量、传感三个大的层面进行介绍可以基本覆盖海洋探测仪器理论知识的学习需求。这些内容在产品形式上可由声呐、雷达、传感器基本支撑，也构建了本书的整体知识架构。

第 2 章 探测波的数学描述与处理基础

海洋探测仪器以雷达、声呐、传感器为代表，它们的探测都以信号为信息载体，物理上可能是声波信号、光波信号、电磁波信号，在不严格进行物理性质区分的前提下，描述这些仪器设备工作原理、性能指标的主流语言都是以信号与线性系统为核心的数学语言。本章主要向读者介绍的是相关数学基础知识，包括信号与线性系统的基本知识、波动信号的数学描述、傅里叶变换相关知识、拉普拉斯变换相关知识、以统计学为基础的现代信号处理方法的概述性知识等。

学习完本章内容，希望读者能够对海洋探测仪器的基本信息载体形成统一的理解，并熟悉海洋探测仪器相关信号处理常用的数学方法，为后续章节学习打下基础。

2.1 探测波的数学描述

不管是利用声波，还是利用光波、电磁波进行探测，抑或是以电磁波（电信号）为主要物理承载的传感器通路设计，信号的基本数学形式都是三角函数中的正、余弦形式。下面从不同媒介的物理本质出发，对其存在形式的数学表达进行介绍。

2.1.1 声波信号的数学表达

1）单振子模型中的振动信号

声波的实质就是媒介（气体、固体、液体等）质点所产生的一系列力学振动传递过程的表现，而且声波的发生基本上也来自物体的振动。下面利用质点振动系统进行声波信号数学表达的推导，图 2-1 所示为单振子模型示意图。

理想弹簧弹性系数为 K_m，下挂一个可视为质点的质量块 M_m，在平衡位置处建立坐标系，向下方向为正方向。假设在平衡位置的基础上，质点下移距离 ξ，则根据虎克定律，有

$$F_K = - K_m \xi \tag{2-1}$$

再根据牛顿第二定律，有

$$M_m \frac{d^2\xi}{dt^2} = - K_m \xi \tag{2-2}$$

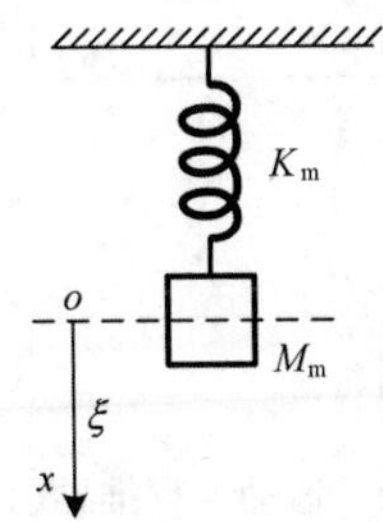

图 2-1　单振子模型示意图

可将式（2-2）简写成

$$\frac{d^2\xi}{dt^2} + \omega_0^2\xi = 0 \tag{2-3}$$

这里，$\omega_0^2 = K_m/M_m$，也称角频率。

求解式（2-3）的微分方程，得解如下形式

$$\xi = \xi_a \cos(\pm\omega_0 t - \varphi_0) \tag{2-4}$$

式中，ξ_a 是振幅；$-\varphi_0$ 是初相位。或者写为如下复指数形式

$$\xi = \xi_a e^{j(\pm\omega_0 t - \varphi_0)} \tag{2-5}$$

式（2-5）复指数形式对波的叠加、调制、解调等计算比较方便，所以常用复指数形式进行分析表达。从式（2-4）和式（2-5）可以看出，质点振动系统的振动形式为三角函数中的正弦或余弦形式。振动从一个振子的最简模型，逐步演化为弦上连续质点的振动，再到膜上连续质点的振动，所依据的原理是相同的，这里不再赘述。

2）理想流体中的声波信号

海洋探测常依赖声波在水里的传播以携带目标信息，为给出水下声波信号的复指数数学描述的合理性，下面介绍理想流体中的声波信号形式。这里以理想流体为代表进行推导和介绍，带有一定的代表性和普适性，适用于大多数应用场景，特别对海洋这种自然水体，推导出的结论不会有较大的出入。

首先讲解理想流体中声场声压 p 与质点速度 v 之间的关系，二者的关系可用牛顿第二定律描述。图 2-2 为推导运动方程的物理过程示意图。

图 2-2 中，$F_1 = (p_0 + p)S$，$F_2 = (p_0 + p + dp)S$，这里 S 是体积元的截面积。根据牛顿第二定律

$$F_1 - F_2 = -\frac{\partial p}{\partial x} S dx = \rho S dx \frac{dv}{dt} \tag{2-6}$$

式中，ρ 是密度。化简后，有

$$-\frac{\partial p}{\partial x} = \rho \frac{dv}{dt} \tag{2-7}$$

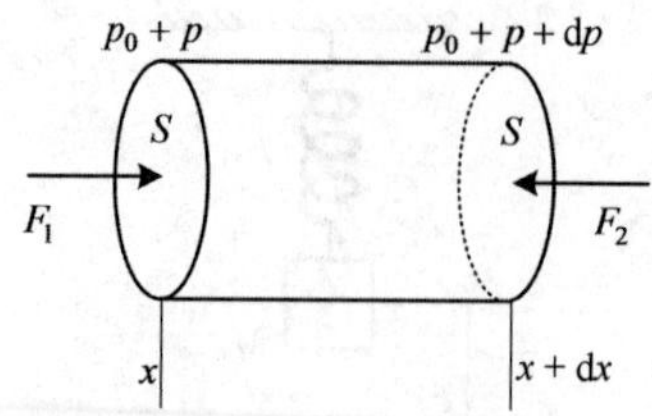

图 2-2　运动方程推导示意图

然后，利用质量守恒定律推导连续性方程，即单位时间内流入体积元和流出体积元的差值应该等于体积元质量的增加或减小（图 2-3）。

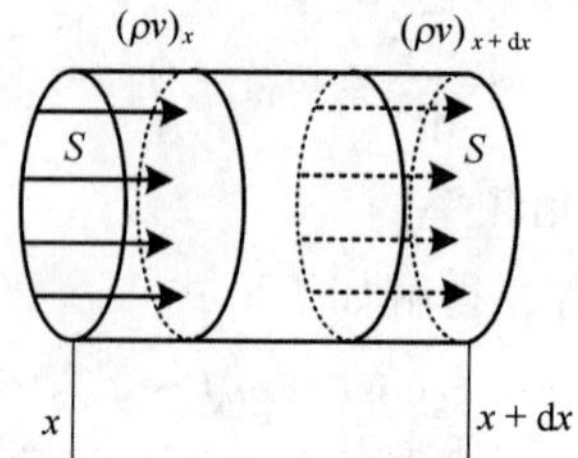

图 2-3　推导连续方程的物理过程示意图

从图 2-3 可看出，空间上进出该单位体积的质量差应该等于时间上密度变化引起的质量变化，即

$$-\frac{\partial(\rho v)}{\partial x}S\mathrm{d}x=\frac{\partial\rho}{\partial t}S\mathrm{d}x \tag{2-8}$$

化简为

$$-\frac{\partial(\rho v)}{\partial x}=\frac{\partial\rho}{\partial t} \tag{2-9}$$

最后，考察物态方程，即压强、密度和温度之间的关系。声音在传播时速度很快，与热交换相比，不是一个量级，可以认为温度没有发生变化，所以压强和密度之间的关系为

$$P_0+p=c^2\rho \tag{2-10}$$

即压强变化与密度变化成正比。

注意，式（2-7）和式（2-10）中，p 是声压，即偏离静压 P_0 的增量，而 ρ 是密度。令 $\rho=\rho_0+\Delta\rho$，代入到式（2-7）、式（2-9）和式（2-10）中，舍掉二阶项（相对一阶的无穷小量），可得如下三式

$$-\frac{\partial p}{\partial x}=\rho_0\frac{\partial v}{\partial t} \tag{2-11}$$

$$-\rho_0\frac{\partial v}{\partial x}=\frac{\partial(\Delta\rho)}{\partial t} \tag{2-12}$$

$$p = c^2(\Delta\rho) \tag{2-13}$$

将式（2-13）对 t 求导，代入式（2-12），得

$$-\rho_0 c^2 \frac{\partial v}{\partial x} = \frac{\partial p}{\partial t} \tag{2-14}$$

对式（2-14）两边按 t 求导，得

$$-\rho_0 c^2 \frac{\partial^2 v}{\partial x \partial t} = \frac{\partial^2 p}{\partial t^2} \tag{2-15}$$

代入式（2-11），得

$$\frac{\partial^2 p}{\partial x^2} = \frac{1}{c^2}\frac{\partial^2 p}{\partial t^2} \tag{2-16}$$

这就是关于声压的波动方程。利用分离变量法，对式（2-16）进行求解。因为式（2-16）中，变量 x 和 t 相互独立，可以令待求函数为两个分别受 x 和 t 单独作用的函数的乘积，令其为

$$p(t, x) = X(x)T(t) \tag{2-17}$$

代入到式（2-16）中，整理得

$$\frac{c^2}{X(x)}\frac{\partial^2 X(x)}{\partial x^2} = \frac{1}{T(t)}\frac{\partial^2 T(t)}{\partial t^2} \tag{2-18}$$

令式（2-18）等于 $-\omega^2$，则其可整理为两个独立的微分方程

$$\frac{\mathrm{d}^2 T(t)}{\mathrm{d}t^2} + \omega^2 T(t) = 0 \tag{2-19}$$

$$\frac{\mathrm{d}^2 X(x)}{\mathrm{d}x^2} + \frac{\omega^2}{c^2}X(x) = 0 \tag{2-20}$$

可得

$$X(x) = A\mathrm{e}^{j\left(\pm\frac{\omega}{c}x-\varphi_0\right)} \tag{2-21}$$

$$T(t) = B\mathrm{e}^{j(\pm\omega t-\varphi_1)} \tag{2-22}$$

所以，结果可表达为

$$p(t, x) = X(x)T(t) = C_1\mathrm{e}^{j\left(\omega t-\frac{\omega}{c}x\right)} + C_2\mathrm{e}^{j\left(\omega t+\frac{\omega}{c}x\right)} \tag{2-23}$$

表示向两个方向传播的正弦波，这里不区分正弦余弦。式（2-23）中，可令 $k=\omega/c$ 为空间角频率，则可重新表达式（2-23）

$$p(t, x) = C_1\mathrm{e}^{j(\omega t-kx)} + C_2\mathrm{e}^{j(\omega t+kx)} \tag{2-24}$$

如果令式（2-18）等于任意不同的 $-\omega_n^2$，可以得到一系列形如式（2-23）的表达，根据傅里叶级数可知，任意周期性的波动都满足波动方程的解，即使波动周期为无穷大。

2.1.2　光与电磁波信号的数学表达

海洋探测中的水上探测应用，一般要依靠电磁波和光波。光也是一种电磁波，

所以光和电磁波的波动形式都可以从麦克斯韦方程组推导出来。真空中，电荷电流都为零的情况下，麦克斯韦方程组表达为

$$\begin{cases} \nabla\cdot \boldsymbol{E} = 0 \\ \nabla\cdot \boldsymbol{B} = 0 \\ \nabla\times \boldsymbol{E} = -\dfrac{\partial \boldsymbol{B}}{\partial t} \\ \nabla\times \boldsymbol{B} = \varepsilon\mu\dfrac{\partial \boldsymbol{E}}{\partial t} \end{cases} \tag{2-25}$$

将式（2-25）做简单地推导

$$\begin{aligned} \nabla\times(\nabla\times \boldsymbol{E}) &= \nabla\times\left(-\frac{\partial \boldsymbol{B}}{\partial t}\right) \\ &= -\frac{\partial(\nabla\times \boldsymbol{B})}{\partial t} \\ &= -\frac{\partial\left(\varepsilon\mu\dfrac{\partial \boldsymbol{E}}{\partial t}\right)}{\partial t} \\ &= -\varepsilon\mu\frac{\partial^2 \boldsymbol{E}}{\partial t^2} \end{aligned} \tag{2-26}$$

考虑恒等式

$$\nabla\times(\nabla\times \boldsymbol{E}) \equiv \nabla(\nabla\cdot \boldsymbol{E}) - \nabla^2\boldsymbol{E} \tag{2-27}$$

式（2-26）可化简为

$$\nabla(\nabla\cdot \boldsymbol{E}) - \nabla^2\boldsymbol{E} = -\varepsilon\mu\frac{\partial^2 \boldsymbol{E}}{\partial t^2} \tag{2-28}$$

将麦克斯韦方程组中 $\nabla\cdot \boldsymbol{E} = 0$ 代入式（2-28），整理得

$$\nabla^2\boldsymbol{E} = \varepsilon\mu\frac{\partial^2 \boldsymbol{E}}{\partial t^2} \tag{2-29}$$

此式与式（2-16）的形式非常相似，实际上是式（2-16）拓展到三维空间的形式。利用电场强度和磁感应强度的对称性，也可以得到关于磁感应强度的波动方程表达式，如下

$$\nabla^2\boldsymbol{B} = \varepsilon\mu\frac{\partial^2 \boldsymbol{B}}{\partial t^2} \tag{2-30}$$

利用相似的分离变量解法，可以得到电场强度 $\boldsymbol{E}$ 和磁感应强度 $\boldsymbol{B}$ 都有正弦形式的波动表达

$$\boldsymbol{E} = C_1\mathrm{e}^{j(\omega t-kr)} + C_2\mathrm{e}^{j(\omega t+kr)} \tag{2-31}$$

式中，空间频率 $\boldsymbol{k}$ 和空间位置 $\boldsymbol{r}$ 都表达为空间向量，一维情况的数乘相应地变为向量点乘。当只考虑一个传播方向时，只取其中一项即可。

以上，从物理过程入手，分别对声波和电磁（光）波的数学表达形式进行了推导和讲解，可以得到一个基本结论，利用正弦信号形式或其复数形式来表达和描述探测波是数学严谨的，也是有物理基础的。

2.1.3 亥姆霍兹方程

在已知探测信号波动数学表达形式的基础上，令其为

$$U(x, y, z, t) = u(x, y, z)e^{j\omega t} \tag{2-32}$$

式中，$u(x, y, z)$ 是探测波的复振幅，只携带空间量。将式（2-32）代入波动方程

$$\nabla^2 U - \varepsilon\mu \frac{\partial^2 U}{\partial t^2} = 0 \tag{2-33}$$

因为

$$\frac{\partial^2 U}{\partial t^2} = -\omega^2 u(x, y, z)e^{j\omega t} \tag{2-34}$$

可得

$$\nabla^2 u(x, y, z) + k^2 u(x, y, z) = 0 \tag{2-35}$$

其中

$$k = \omega\sqrt{\varepsilon\mu} = \frac{\omega}{c} \tag{2-36}$$

式中，k 是空间角频率；c 是波速；ω 是时间角频率。可将式（2-35）简写为

$$(\nabla^2 + k^2)u(x, y, z) = 0 \tag{2-37}$$

式（2-37）是只关心空间波动情况的导出方程，即亥姆霍兹方程（Helmholtz equation）。在成像等探测应用中，人们往往只关心空间波动情况，所以可以直接调用亥姆霍兹方程进行推导计算。

2.2 傅里叶变换

在基于正弦探测信号构建的探测系统中，傅里叶变换对基于正弦信号的运算是非常重要的数学工具。在理解了正弦信号作为探测信号的本身物理意义后，以其为元素的主流运算方法就是傅里叶变换，系统学习过信息类课程的读者最早接触傅里叶变换是在信号与线性系统课程中。

在信息类课程中，信号与线性系统一般在一维时域和对应的时频域进行系统性能描述和计算。本章以空间维度和对应的空频维度进行探测信号的描述和运算，这在数学上没有本质的区别，但可以帮助读者从时频域思维习惯过渡到空频域，进一步完善知识结构。

2.2.1 傅里叶变换的定义

以二维空间信号为例，一个二维空间坐标函数$f(x,\ y)$可展开为无穷个指数函数的叠加

$$f(x,\ y)=\int_{-\infty}^{\infty}\int_{-\infty}^{\infty}\tilde{f}(f_x,\ f_y)\,\mathrm{e}^{j2\pi(f_x x+f_y y)}\,\mathrm{d}f_x\mathrm{d}f_y \tag{2-38}$$

这里

$$\tilde{f}(f_x,\ f_y)=\int_{-\infty}^{\infty}\int_{-\infty}^{\infty}f(x,\ y)\,\mathrm{e}^{-j2\pi(f_x x+f_y y)}\,\mathrm{d}x\mathrm{d}y \tag{2-39}$$

以上两个函数互为傅里叶变换对，一般说$\tilde{f}(f_x,\ f_y)$是$f(x,\ y)$的傅里叶变换，$f(x,\ y)$是$\tilde{f}(f_x,\ f_y)$的傅里叶逆变换。傅里叶变换操作可表达为$F[\ ]$，其逆过程为$F^{-1}[\ ]$。本书中，有时也用"$\leftrightarrow$"表达一对傅里叶变换函数。所以，$f(x,\ y)$和$\tilde{f}(f_x,\ f_y)$之间的对应关系可以表达如下

$$\tilde{f}(f_x,\ f_y)=F[f(x,\ y)] \tag{2-40}$$

$$f(x,\ y)=F^{-1}[\tilde{f}(f_x,\ f_y)] \tag{2-41}$$

$$f(x,\ y)\leftrightarrow\tilde{f}(f_x,\ f_y) \tag{2-42}$$

理论上傅里叶变换可扩展到有限多个维度，对于一般实际应用来说，三维以内的情况比较常见。

2.2.2 空间函数傅里叶变换的物理解释

观察式（2-38），其所表达的意义是将空间函数$f(x,\ y)$拆分成了无数个$\tilde{f}(f_x,\ f_y)\mathrm{e}^{j2\pi(f_x x+f_y y)}\mathrm{d}f_x\mathrm{d}f_y$的和，每一个具体的$\tilde{f}(f_x,\ f_y)\mathrm{e}^{j2\pi(f_x x+f_y y)}\mathrm{d}f_x\mathrm{d}f_y$代表了一个空间频率为$(f_x,\ f_y)$的平面波。这里傅里叶变换的对应函数$\tilde{f}(f_x,\ f_y)$表征了频率为$(f_x,\ f_y)$的平面波的幅度，或者可以认为所占成分的多少。整体来看，它可以认为是频率谱，类似于密度函数。

首先来解释$\mathrm{e}^{j2\pi(f_x x+f_y y)}$的平面波含义。平面波是指波的等相位面为平面或直线（二维情况）的波动。在空间中，利用数学方法描述一个平面波应该如下表达

$$Ax+By+Cz=D \tag{2-43}$$

或者

$$(A,\ B,\ C)(x,\ y,\ z)^T=D \tag{2-44}$$

这里，$(A,\ B,\ C)$表征平面法向，一般归一化为单位向量；D不同，即使$(A,\ B,\ C)$相同，也代表不同的平面，即彼此之间平行的平面。退化为二维情况，就是关于

直线的数学表达。对于 $e^{j2\pi(f_x x+f_y y)}$ 中的指数项

$$f_x x + f_y y = D \tag{2-45}$$

表征了一个直线的结构，即受到法向向量 (f_x, f_y) 控制的直线。固定 (f_x, f_y)，不同的 D 代表相互平行的等相位线，而 (f_x, f_y) 不同，则代表了沿着不同方向进行传播的波动。如图 2-4 所示，任意空间波都可以分解为无穷个平面波的合成。

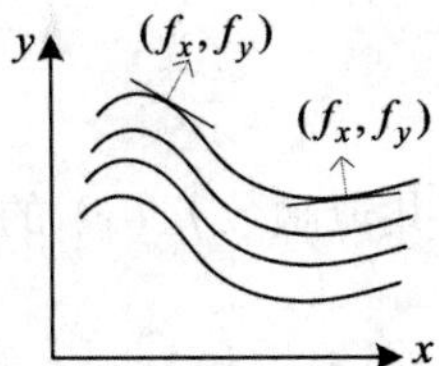

图 2-4　任意空间波都可以分解为无穷个平面波的合成波

2.2.3　傅里叶变换的性质

1）缩放与反演性质

若 $f(x) \leftrightarrow \tilde{f}(f_x)$，$\alpha$ 是大于零的实数，则

$$\begin{aligned} F\left[f\left(\frac{x}{\alpha}\right)\right] &= \int_{-\infty}^{\infty} f\left(\frac{x}{\alpha}\right) e^{-j2\pi f_x x} dx \\ &= \alpha \int_{-\infty}^{\infty} f\left(\frac{x}{\alpha}\right) e^{-j2\pi\alpha f_x \frac{x}{\alpha}} d\frac{x}{\alpha} \\ &= \alpha \tilde{f}(\alpha f_x) \end{aligned} \tag{2-46}$$

若 α 是小于零的实数，则

$$\begin{aligned} F\left[f\left(\frac{x}{\alpha}\right)\right] &= \int_{-\infty}^{\infty} f\left(\frac{x}{\alpha}\right) e^{-j2\pi f_x x} dx \\ &= \alpha \int_{-\infty}^{\infty} f\left(\frac{x}{\alpha}\right) e^{-j2\pi\alpha f_x \frac{x}{\alpha}} d\frac{x}{\alpha} \\ &= \alpha \int_{\infty}^{-\infty} f(x') e^{-j2\pi\alpha f_x x'} dx' \\ &= |\alpha| \int_{-\infty}^{\infty} f(x') e^{-j2\pi\alpha f_x x'} dx' \\ &= |\alpha| \tilde{f}(\alpha f_x) \end{aligned} \tag{2-47}$$

综合两种情况，有

$$F\left[f\left(\frac{x}{\alpha}\right)\right] = |\alpha|\tilde{f}(\alpha f_x) \tag{2-48}$$

这说明了如果空域函数是“宽矮”函数，则频域即是“窄高”函数，反之亦然。这可直接引出带宽定理，是描述成像分辨率的基本数学依据，将在第 3 章中介绍。

2）共轭函数的变换性质

若$f(x) \leftrightarrow \tilde{f}(f_x)$，则$f(x)$的共轭函数$f^*(x)$的傅里叶变换为

$$\begin{aligned} F[f^*(x)] &= \int_{-\infty}^{\infty} f^*(x) e^{-j2\pi f_x x} dx \\ &= \left[\int_{-\infty}^{\infty} f(x) e^{j2\pi\alpha f_x x} dx\right]^* \\ &= \tilde{f}^*(-f_x) \end{aligned} \tag{2-49}$$

相似的

$$F^{-1}[\tilde{f}^*(f_x)] = f^*(-x) \tag{2-50}$$

3）位移与相移性质

若$f(x) \leftrightarrow \tilde{f}(f_x)$，对$f(x-x_0)$的傅里叶变换为

$$\begin{aligned} F[f(x-x_0)] &= \int_{-\infty}^{\infty} f(x-x_0) e^{-j2\pi f_x x} dx \\ &= e^{-j2\pi f_x x_0} \int_{-\infty}^{\infty} f(x-x_0) e^{-j2\pi f_x (x-x_0)} d(x-x_0) \\ &= e^{-j2\pi f_x x_0} \tilde{f}(f_x) \end{aligned} \tag{2-51}$$

空域和频域之间的平移和相移是对应的，这个性质在分析以平面波进行主动成像的模型中会用到。

4）变换的变换

若$f(x) \leftrightarrow \tilde{f}(f_x)$，则

$$F^{-1}\{F[f(x)]\} = f(x) \tag{2-52}$$

即傅里叶变换的逆变换还是原函数。而傅里叶变换的傅里叶变换，则是另外一种情况

$$
\begin{aligned}
F[F[f_x]] = F[\tilde{f}(f_x)] &= \int_{-\infty}^{\infty} \tilde{f}(f_x)\mathrm{e}^{-j2\pi f_x x}\mathrm{d}f_x \\
&= \int_{-\infty}^{\infty}\int_{-\infty}^{\infty} f(x')\mathrm{e}^{-j2\pi f_x(x')}\mathrm{e}^{-j2\pi f_x x}\mathrm{d}f_x\mathrm{d}x' \\
&= \int_{-\infty}^{\infty} \mathrm{e}^{-j2\pi f_x(x'+x)}\mathrm{d}f_x \int_{-\infty}^{\infty} f(x')\mathrm{d}x' \\
&= \int_{-\infty}^{\infty} f(x')\delta(x'+x)\mathrm{d}x' \\
&= \int_{-\infty}^{\infty} f(x'+x-x)\delta(x'+x)\mathrm{d}(x'+x) \\
&= f(-x)
\end{aligned}
\tag{2-53}
$$

由此可知，傅里叶变换的傅里叶变换是原函数的反演。

5）帕萨瓦定理

帕萨瓦定理（Parseval's theorem）是信号能量守恒的一种表述，即

$$
\int_{-\infty}^{\infty} |f(x)|^2\mathrm{d}x = \int_{-\infty}^{\infty} |\tilde{f}(f_x)|^2\mathrm{d}f_x \tag{2-54}
$$

式中，$|f(x)|^2$ 是空域的功率分布；$|\tilde{f}(f_x)|^2$ 是频域的功率分布，常称为功率谱密度。很多探测仪器原理都是基于功率谱密度进行分析计算，主要在于信号接收能力不足以接收到相干的波动信号时，能只对功率分布进行接收测量，所以常直接基于功率谱密度进行分析计算。该定理的证明，请读者自行研究。

6）卷积和相关

卷积是描述很多移动叠加性物理过程的方法，卷积的物理意义在第 3 章讲解成像原理时会详细介绍，这里只介绍卷积的定义及与傅里叶变换相关的卷积定理。卷积定义为

$$
f(x) * g(x) = \int_{-\infty}^{\infty} f(x')g(x-x')\mathrm{d}x' \tag{2-55}
$$

一般也用符号“⊗”来代替“ * ”表示卷积运算。读者可自行证明，卷积满足基本的交换率，即

$$
f(x) * g(x) = g(x) * f(x) \tag{2-56}
$$

卷积定理可以从两个角度表述：① 两函数卷积的傅里叶变换等于它们各自傅里叶变换的乘积；② 两函数乘积的傅里叶变换等于它们各自傅里叶变换的卷积。

表述①的证明如下

$$F[f(x) * g(x)] = F\left[\int_{-\infty}^{\infty} f(x')g(x-x')\mathrm{d}x'\right]$$

$$= \int_{-\infty}^{\infty}\int_{-\infty}^{\infty} f(x')g(x-x')\mathrm{e}^{-j2\pi f_x x}\mathrm{d}x\mathrm{d}x'$$

$$= \int_{-\infty}^{\infty} f(x')\mathrm{e}^{-j2\pi f_x x'}\mathrm{d}x' \int_{-\infty}^{\infty} g(x-x')\mathrm{e}^{-j2\pi f_x (x-x')}\mathrm{d}(x-x')$$

$$= \tilde{f}(f_x)\tilde{g}(f_x) \tag{2-57}$$

表述②的证明如下

$$F[f(x)g(x)] = \int_{-\infty}^{\infty} f(x)g(x)\mathrm{e}^{-j2\pi f_x x}\mathrm{d}x$$

$$= \int_{-\infty}^{\infty}\int_{-\infty}^{\infty} f(x')\tilde{g}(f'_x)\mathrm{e}^{j2\pi f'_x x}\mathrm{e}^{-j2\pi f_x x}\mathrm{d}x\mathrm{d}f'_x$$

$$= \int_{-\infty}^{\infty} \tilde{g}(f'_x)\mathrm{d}f'_x \int_{-\infty}^{\infty} f(x)\mathrm{e}^{-j2\pi (f_x - f'_x)x}\mathrm{d}x$$

$$= \int_{-\infty}^{\infty} \tilde{g}(f'_x)\tilde{f}(f_x - f'_x)\mathrm{d}f'_x$$

$$= \tilde{f}(f_x) * \tilde{g}(f_x) \tag{2-58}$$

相关运算分为互相关和自相关，下面先介绍互相关的定义及运算性质。互相关运算定义如下

$$f(x) \odot g(x) = \int_{-\infty}^{\infty} f(x')g(x'-x)\mathrm{d}x \tag{2-59}$$

或者

$$f(x) \odot g(x) = \int_{-\infty}^{\infty} f(x'+x)g(x')\mathrm{d}x' \tag{2-60}$$

本书中，用符号⊙表示相关运算。从相关的定义可以看出，相关运算不满足交换率，即

$$f(x) \odot g(x) \neq g(x) \odot f(x) \tag{2-61}$$

如果两个函数是复函数，则相关运算的定义为

$$f(x) \odot g^*(x) = \int_{-\infty}^{\infty} f(x'+x)g^*(x')\mathrm{d}x'$$

$$= \int_{-\infty}^{\infty} f(x')g^*(x'-x)\mathrm{d}x' \tag{2-62}$$

卷积和相关运算有很相似的计算形式，二者也有直接的关系，如下式

$$f(x)*g^*(-x)=\int_{-\infty}^{\infty}f(x')g^*[-(x-x')]\mathrm{d}x'$$

$$=\int_{-\infty}^{\infty}f(x')g^*(x'-x)\mathrm{d}x'$$

$$=f(x)\odot g^*(x) \tag{2-63}$$

自相关运算就是在式（2-59）至式（2-63）中，令 $f(x)=g(x)$ 所得到的运算形式，且也满足卷积与相关运算之间的对应关系，即

$$f(x)*f^*(-x)=\int_{-\infty}^{\infty}f(x')f^*[-(x-x')]\mathrm{d}x'$$

$$=\int_{-\infty}^{\infty}f(x')f^*(x'-x)\mathrm{d}x'$$

$$=f(x)\odot f^*(x) \tag{2-64}$$

在探测应用中，常需要比对发射波和回波，即在两个相似波之间作对比，这时常用自相关运算来进行分析。

下面介绍一个常用的定理：某函数在时域内的自相关函数的傅里叶变换就是该函数的功率谱密度，即

$$F[f(x)\odot f^*(x)]=\tilde{f}(f_x)\tilde{f}^*(f_x)=|\tilde{f}(f_x)|^2 \tag{2-65}$$

2.2.4　常用的函数

1）冲击函数

冲击函数一般也称 Delta 函数。这是为物理分析需要而创造的函数，一般描述点状的声源、光源等都可以用冲击函数来表示。因为冲击函数的频率覆盖全部频谱，所以也用冲击函数来测试系统的性能。简单地讲，单位冲击函数是峰值无穷大，宽度为零，而面积为 1 的偶函数。很多类型函数的极限状态都可以是冲击函数，所以也可以将冲击函数理解为某个函数空间的聚点。比如高斯函数序列

$$G_\alpha(x)=\frac{1}{\sigma\sqrt{2\pi}}\mathrm{e}^{-\frac{(x-\alpha)^2}{2\sigma^2}} \tag{2-66}$$

且具有归一化面积

$$\int_{-\infty}^{\infty}G_\alpha(x)\mathrm{d}x=1 \tag{2-67}$$

当 $\sigma\to 0$ 时，它就是一个单位冲击函数，即

$$\delta(x-\alpha)=\lim_{\sigma\to 0}\frac{1}{\sigma\sqrt{2\pi}}\mathrm{e}^{-\frac{(x-\alpha)^2}{2\sigma^2}} \tag{2-68}$$

类似的函数序列还有很多，不一一列举。单位冲击函数最重要的性质之一就是取样性质，即

$$f(x)\delta(x-x_0)=f(x_0)\delta(x-x_0) \tag{2-69}$$

对式（2-69）积分，可得

$$\int_{-\infty}^{\infty} f(x)\delta(x-x_0)\mathrm{d}x=f(x_0) \tag{2-70}$$

再对式（2-70）进一步变化，可得

$$\int_{-\infty}^{\infty} f(x)\delta(x-x_0)\mathrm{d}x=\int_{-\infty}^{\infty} f(x)\delta(x_0-x)\mathrm{d}x=f(x_0) \tag{2-71}$$

即

$$f(x)=\delta(x)*f(x) \tag{2-72}$$

可见，单位冲击函数相当于一个全频率完美响应的系统，经过它的信号没有实质性“损伤”，更一般地，有

$$f(x-x')=\delta(x-x')*f(x) \tag{2-73}$$

也就是说，信号 $f(x)$ 与有位移的单位冲击函数卷积，相当于对 $f(x)$ 进行移位。这种性质可以很好地解释采样的频谱搬移现象。

2）矩形函数

矩形函数又称为门函数，定义为

$$y=\mathrm{rect}\left(\frac{x-x_0}{b}\right)=\begin{cases}1 & \left|\dfrac{x-x_0}{b}\right|<\dfrac{1}{2}\\ 0 & \left|\dfrac{x-x_0}{b}\right|\geqslant\dfrac{1}{2}\end{cases} \tag{2-74}$$

图 2-5 所示为矩形函数图形，它的面积等于 $|b|$。

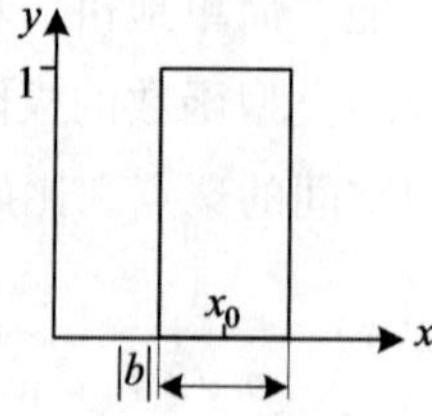

图 2-5　矩形函数

3）sinc 函数

sinc 函数的定义是

$$\mathrm{sinc}x=\frac{\sin(\pi x)}{\pi x} \tag{2-75}$$

它是一个偶函数，是两个奇函数 $\sin(\pi x)$ 和 $1/\pi x$ 的乘积。相当于正弦函数被反比例函数曲线“压制”，形成一个两边向零收敛的振荡曲线。这个函数的零点出现在 $x=\pm 1,\ \pm 2,\ \cdots$，而在 $x\to 0$ 处，$\mathrm{sinc}x=1$，这是通过洛必达法则求解得到的。sinc 函数在信号分析中常常用到，它与矩形函数是一对傅里叶变换函数，它交替出现的零点数学上支撑了采集定理，而且这种性质在频谱高效利用方面也非常有价值。二维的 sinc 函数可表达为

$$\mathrm{sinc}x\cdot\mathrm{sinc}y=\frac{\sin(\pi x)}{\pi x}\frac{\sin(\pi y)}{\pi y} \tag{2-76}$$

图 2-6 所示为一维和二维的 sinc 函数图形。

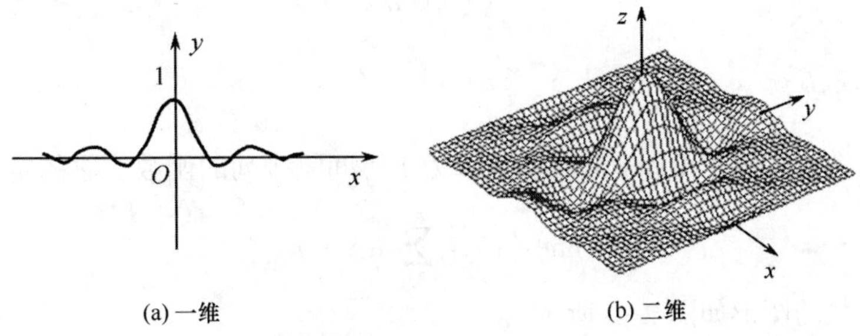

图 2-6　sinc 函数图形

4） 圆域函数

圆域函数的定义为

$$z=\mathrm{circ}\left(\frac{r}{\alpha}\right)=\begin{cases}1 & r<\alpha\\ 0 & r\geqslant\alpha\end{cases} \tag{2-77}$$

当自变量在半径 $\alpha>0$（一个大于 0 的常数）的范围内时，其函数值为 1；当自变量在半径 $\alpha>0$ 的范围外，其值为 0。其二维情况的图形如图 2-7 所示。

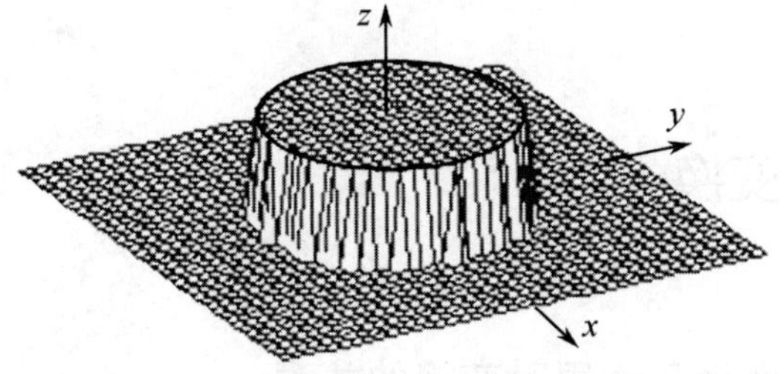

图 2-7　圆域函数图形

5） 阶跃函数

阶跃函数是形如台阶的函数，它的定义是

$$y = \text{step}\left(\frac{x - x_0}{\alpha}\right) = \begin{cases} 0 & x \leqslant x_0 \\ 1 & x > x_0 \end{cases} \tag{2-78}$$

阶跃函数相当于一个开关函数，任意一个函数乘以阶跃函数，都相当于在 $x \leqslant x_0$ 时不动作，在 $x > x_0$ 时开始启动。其图形如图 2-8 所示。

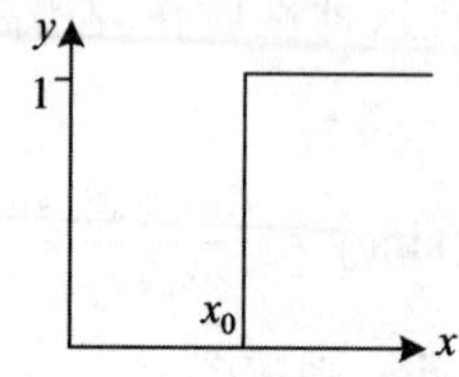

图 2-8　阶跃函数图形

6）梳状函数

梳状函数是无穷个 Delta 函数以间隔为 1 等间隔排列的函数，它的定义如下

$$\text{comb}(x) = \sum_{-\infty}^{\infty} \delta(x - n) \tag{2-79}$$

梳状函数的图形如图 2-9 所示。

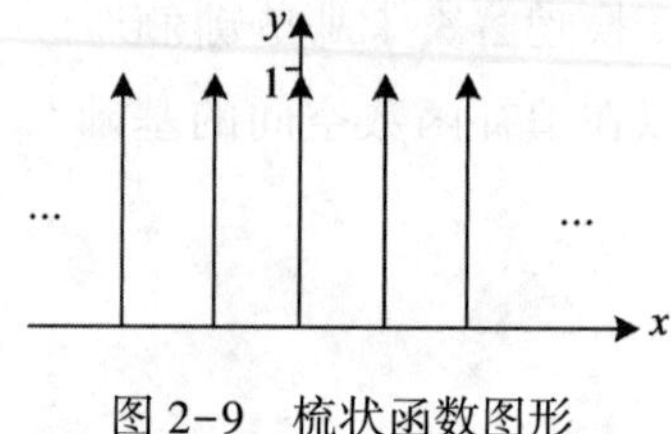

图 2-9　梳状函数图形

梳状函数在物理上是不存在的，但它可以模拟采样脉冲函数与待测信号相乘，也可以与矩形函数相乘构建有限梳状函数，模拟光栅等物理器件的结构。

以上常见函数都有对应的傅里叶变换，读者可参考相关参考用书在需要时自行求解。

2.3　拉普拉斯变换

2.3.1　拉普拉斯变换与傅里叶变换的关联

与傅里叶变换一样，拉普拉斯变换也是通过“变换”的手段，将一个函数空间的问题变换到对偶的函数空间进行分析计算，得到对应的结果后，还可以还原到原来的空间表达问题的解。能进行傅里叶变换的函数必须满足绝对可积的条件，这限制了可研究函数（信号）的范围。这个问题就好像泰勒级数收敛域一样，傅里叶变换默认收敛域无穷大（物理真实的信号一般都会收敛），但是有一些函数只需要关心可收敛的部分即可，忽略掉不收敛的部分。所以考虑收敛域的问题，就可以扩大可研究信号的范围。这类扩充出来的信号一般是人为制造出来的，即在可人为设计的信道中（如控制问题）经常会出现这种信号。顺便指出，这种变换到对偶空间分析问题的方法，更重要的意义是求解隐藏在微分方程中的解函数，让求解变得更高效。

由于拉普拉斯变换引入讨论收敛的问题，因此与系统稳定问题直接相关，这样就可以利用拉普拉斯变换来判断人为设计的某些系统的稳定性问题，这在传感器信号通路设计中非常重要：既要保证信号在通路中传输是稳定可控的，又可以适当有控制地放松对稳定性的要求而达到所需要的其他性能。从这个角度讲，傅里叶变换更适合分析问题，而拉普拉斯变换更适合控制（涵盖分析）问题。

严格地讲，正弦信号本身可无穷延展，它也不是绝对可积的，为了解决这个问题引入了冲击函数这样的奇异函数，或者说为了傅里叶变换运算的完备性，填补了有“缺陷”的函数空间，这种填补是基于收敛函数序列的极限特征来操作的，自有其数学合理性。而拉普拉斯变换是解决了那些即使通过奇异函数填补也无法完成变换的函数集合变换问题，所以在填补函数空间的基础上，拉普拉斯变换又改善了核函数，保证了收敛性。

2.3.2　拉普拉斯变换的定义

考虑一个任意函数 $g(x)(x \geqslant 0)$ 。欲对其进行傅里叶变换，首先应使其在 $(-\infty,\infty)$ 区间有定义，用阶跃信号 $u(x) = \mathrm{step}(x)$ 与其相乘，即将小于零的区间用零值填充；为了保证在 $(-\infty, \infty)$ 区间上绝对可积，再对其乘以衰减因子 $\mathrm{e}^{-\sigma x}(\sigma > 0)$ 。于是，对函数 $g(x)u(x)\mathrm{e}^{-\sigma x}$ 进行傅里叶变换

$$\int_{-\infty}^{\infty} g(x)u(x)\mathrm{e}^{-\sigma x}\mathrm{e}^{-j2\pi f_x x}\mathrm{d}x = \int_{0}^{\infty} f(x)\mathrm{e}^{-sx}\mathrm{d}x \tag{2-80}$$

式中，s 是一个实部大于零的复数；$f(x) = g(x)u(x)$ 。这就形成了一类新的变换：拉普拉斯变换，记为

$$\tilde{f}(s) = \int_{0}^{\infty} f(x)\mathrm{e}^{-sx}\mathrm{d}x \tag{2-81}$$

对函数 $f(x)$ 的拉普拉斯变换可记为 $\tilde{f}(s) = L[f(x)]$ ，反变换记为 $f(x) = L^{-1}[\tilde{f}(s)]$ ，不引起歧义的情况下，也可用 $f(x) \leftrightarrow \tilde{f}(s)$ 表示一对拉普拉斯变换对。

2.3.3 拉普拉斯变换的性质

拉普拉斯变换的性质与傅里叶变换的性质表达形式相似，但是拉普拉斯变换会得到更全面的结果。这里有选择地介绍拉普拉斯变换的微分定理、积分定理与卷积定理。微分定理与积分定理对利用拉普拉斯变换分析带有电容和（或）电感的电路有理论指导意义，而拉普拉斯变换的卷积定理相比傅里叶变换的卷积定理而言，所描述的是因果系统的卷积计算，与傅里叶变换既有联系也有区别。

1）微分定理

空域微分定理的表述如下

$$\frac{\mathrm{d}f(x)}{\mathrm{d}t} \leftrightarrow s\tilde{f}(s) - f(0) \tag{2-82}$$

证明

$$\frac{\mathrm{d}f(x)}{\mathrm{d}t} \leftrightarrow \int_0^{\infty} \frac{\mathrm{d}f(x)}{\mathrm{d}x}\mathrm{e}^{-sx}\mathrm{d}x = \int_0^{\infty} \frac{\mathrm{d}f(x)}{\mathrm{d}x}\mathrm{e}^{-sx}\mathrm{d}x$$

$$= f(x)\mathrm{e}^{-sx}\Big|_0^{\infty} + s\int_0^{\infty} f(x)\mathrm{e}^{-sx}\mathrm{d}x$$

$$= -f(0) + s\tilde{f}(s) \tag{2-83}$$

复频域微分定理的表述

$$xf(x) \leftrightarrow -\frac{\mathrm{d}\tilde{f}(s)}{\mathrm{d}s} \tag{2-84}$$

证明

$$\frac{\mathrm{d}\tilde{f}(s)}{\mathrm{d}s} = \frac{\mathrm{d}}{\mathrm{d}s}\int_0^{\infty} f(x)\mathrm{e}^{-sx}\mathrm{d}x$$

$$= \int_0^{\infty} f(x)\frac{\mathrm{d}\mathrm{e}^{-sx}}{\mathrm{d}s}\mathrm{d}x = \int_0^{\infty} f(x)(-x\mathrm{e}^{-sx})\mathrm{d}x$$

$$= -\int_0^{\infty} xf(x)\mathrm{e}^{-sx}\mathrm{d}x = -L[xf(x)] \tag{2-85}$$

2）积分定理

积分定理表述

$$\int_0^{\infty} f(x)\mathrm{d}x \leftrightarrow \frac{\tilde{f}(s)}{s} \tag{2-86}$$

证明

令

$$g(x)=\int_0^{\infty} f(x)\,\mathrm{d}x \tag{2-87}$$

利用时域微分定理，可知

$$f(x)=g'(x)\leftrightarrow s\tilde{g}(s)-g(0)=s\tilde{g}(s) \tag{2-88}$$

所以

$$s\tilde{g}(s)=\tilde{f}(s) \tag{2-89}$$

即

$$\int_0^{\infty} f(x)\,\mathrm{d}x\leftrightarrow\frac{\tilde{f}(s)}{s} \tag{2-90}$$

3）卷积定理

拉普拉斯变换的积分域是 $(0,\ \infty)$，所以可以认为当 $x<0$ 时，$f(x)=0$，这样的信号称为因果信号。一般在以时间为自变量的信号中存在因果关系，而以空间变量为自变量的信号，因果关系失去意义。比如成像问题中，信号不必限定因果。但对于传感器信号通路设计，一般都是以时间为自变量的，所以必然是因果的，这是其物理过程所限定的。

如果设定两个以时间为自变量的信号都是因果信号，即 $t<0$ 时，$f_1(t)=f_2(t)=0$，代入卷积公式

$$\begin{aligned}
f_1(t)*f_2(t) &= \int_{-\infty}^{0} f_1(\tau)f_2(t-\tau)\,\mathrm{d}\tau+\int_0^{t} f_1(\tau)f_2(t-\tau)\,\mathrm{d}\tau+\int_t^{\infty} f_1(\tau)f_2(t-\tau)\,\mathrm{d}\tau\\
&=0+\int_0^{t} f_1(\tau)f_2(t-\tau)\,\mathrm{d}\tau-\int_0^{-\infty} f_1(t-T)f_2(T)\,\mathrm{d}T\\
&=0+\int_0^{t} f_1(\tau)f_2(t-\tau)\,\mathrm{d}\tau-0\\
&=\int_0^{t} f_1(\tau)f_2(t-\tau)\,\mathrm{d}\tau
\end{aligned} \tag{2-91}$$

于是，可以得到，拉普拉斯变换可以将卷积积分区间缩小到 $(0,\ t)$，与傅里叶变换意义上的卷积结果相同。所以拉普拉斯变换的卷积定理可以表达为

$$f_1(t)*f_2(t)=\int_0^{t} f_1(\tau)f_2(t-\tau)\,\mathrm{d}\tau\leftrightarrow\tilde{f}_1(s)\tilde{f}_2(s) \tag{2-92}$$

2.3.4　传感器信号通路设计中的拉普拉斯变换

从信号的角度来讲，自然信道天然稳定，即使有大风大浪也会很快趋于平静，

所以在水里传递声波、空气中传递电磁波等，在没有人为设计前提下，都是稳定的，此时利用傅里叶变换进行分析即可，不必关注可能产生的不稳定问题。但是自然信道的噪声、时变等问题比较突出，这是精度层面的问题。对于传感器中的信号通路设计，信道系统是人为搭建的，人们希望通过这样的信道可以具有一些特殊性质，比如放大性质。而这种性质内在地就要求做一些“不稳定”的工作，放大就是向稳定的反方向努力，所以在这种人为设计的信号通路或者信道中，拉普拉斯变换常常派上用场。传感器信号通路中，一般以电子信号承载信息，电路电子学中的基本定律（以代数方程或微分方程表达）也可以通过拉普拉斯变换重新表达。

比如时域中的基尔霍夫定律可表达为

$$\begin{cases} \sum i(t) = 0 \\ \sum u(t) = 0 \end{cases} \tag{2-93}$$

利用拉普拉斯变换，即可表达为

$$\begin{cases} \sum I(s) = 0 \\ \sum U(s) = 0 \end{cases} \tag{2-94}$$

对于代数方程表达的电路定律，形式上频域和时域一样，而对于利用微积分方程表达的定律，就有一点不同。比如电感两端电压和穿过电流的关系可表达为

$$u(t) = L\frac{\mathrm{d}i(t)}{\mathrm{d}t} \tag{2-95}$$

式中，L 是电感值。利用拉普拉斯变换后，得到的表达形式如下

$$\begin{gathered} u(t) = L\frac{\mathrm{d}i(t)}{\mathrm{d}t} \\ \updownarrow \qquad\qquad \updownarrow \\ U(s) = sLI(s) - Li(0) \end{gathered} \tag{2-96}$$

这里利用了拉普拉斯变换的微分定理。相似的，对于电容，有以下对应关系，

$$\begin{gathered} u(t) = \frac{1}{C}\int_0^t i(\xi)\mathrm{d}\xi + u(0) \\ \updownarrow \qquad\qquad\qquad\qquad \updownarrow \\ U(s) = \frac{1}{sC}I(s) + \frac{u(0)}{s} \end{gathered} \tag{2-97}$$

式中，C 是电容值，变换过程利用了拉普拉斯变换的积分定理。

基于对应关系，可以用拉普拉斯变换的方法对电子信号电路进行分析。

例 2-1　如图 2-10 所示，电路中的激励为 $i_s(t) = \delta(t)$，电容初始状态为零，求冲击激励下的电容电压 $u_C(t)$。

解：将电路中的元件的时域描述转换为频域描述，如图 2-11 所示。

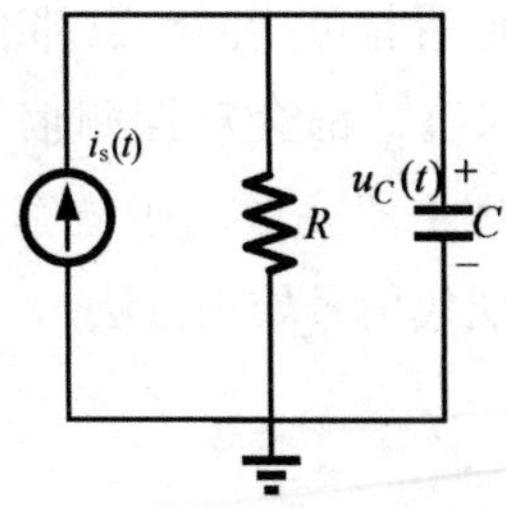

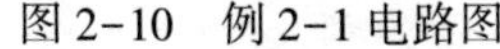

图 2-10　例 2-1 电路图

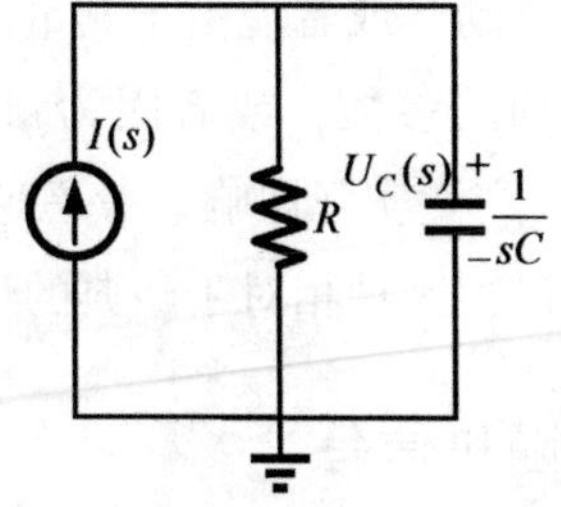

图 2-11　向频域变换后的电路图

电路中，从电流源向右看过去，整个等效阻抗为

$$Z(s)=\frac{R}{sCR+1} \tag{2-98}$$

而

$$\begin{aligned}U_C(s)&=I_s(s)Z(s)\\&=1\times\frac{R}{sCR+1}\end{aligned} \tag{2-99}$$

这里利用了单位冲击函数的拉普拉斯变换是 1，读者可自行证明或由傅里叶变换类似推导证明。再对式（2-99）进行拉普拉斯逆变换，可得

$$u_C(t)=\frac{1}{C}\mathrm{e}^{-\frac{1}{RC}t}\varepsilon(t)\leftrightarrow U_C(s) \tag{2-100}$$

例 2-1 中讨论的问题，在单位冲击下是稳定的，任何其他频率的输入也将带来稳定的输出。比如输入变为正弦量，则输出也将是一个稳定的正弦量，类似于受迫振动的物理过程。式（2-98）可以作为输入 $I_s(s)$ 和输出 $U_C(s)$ 之间的传递函数，因为拉普拉斯变换的核函数求导与其本身形式一样，这样就可以将描述这一类线性系统的微分方程转变为有分子和分母的有理多项式去分析，而一个系统一旦可以转换为这种数学表达，使分母为零的点（极点）将决定不同频率输入信号的输出幅度和相位，或者说靠近极点的频率成分会得到更多保留或者放大，而远离极点的频率成分就会变得很弱，这是形如式（2-98）的传递函数数学性质决定的。

笔者认为，引入反馈机制进行电子信号通路设计的初衷之一也是反馈系统的数学表达与形如式（2-98）的有理多项式非常相似（见第 5 章），同时反馈机制将“知根知底”的信号反接回来与输入信号作用，比将信号暴露于“缺少认知”的噪声干扰中更稳定、更精确。在自然信道中，预先设置标定点等可提供已知信息的装置，也是这种反馈机制在自然信道信号通路设计中的常用方法。

2.4　现代信号处理概述

经典信号运算认为信号都是确定的，而实际应用中，信号不可避免地带有噪声等随机性扰动，或者说由于测量手段的不完备，难以把所有可能的参数都准确测得，没有关注到的参数，或者因为量级太小，或者尚未知晓，都会对探测信号的质量（信噪比）产生实际影响。考虑这方面问题的信号处理手段一般基于概率论和统计学进行探讨，这种相对于经典的信号运算方法，称为现代信号处理方法。

2.4.1 随机信号

1）随机信号介绍

所谓随机，是指信号的取值服从某种概率分布。随机信号也称为随机过程、随机函数或者随机序列。相位随机变化的正弦信号就是典型的随机信号

$$s(t)=Ae^{j(\omega t+\theta)} \tag{2-101}$$

式中，θ 是在 $[-\pi,\ \pi]$ 内均匀分布的随机变量，其概率密度函数为

$$f(\theta)=\begin{cases}\dfrac{1}{2\pi}, & -\pi\leqslant\theta\leqslant\pi\\ 0, & \text{其他}\end{cases} \tag{2-102}$$

式（2-101）中 $s(t)$ 就是一个典型的随机过程或者随机信号。每固定一个时刻 t，对应的 $s(t)$ 都是一个随机变量。对随机变量进行描述，其服从的概率分布非常重要，但是一般很难得到随机变量的概率分布，常用随机变量的各阶矩进行描述分析。如一阶矩的定义为

$$\mu(t)=E\{x(t)\}=\int_{-\infty}^{\infty}xf(x,\ t)\mathrm{d}x \tag{2-103}$$

式中，$x(t)$ 是关注的时刻 t 的随机变量；$f(x,\ t)$ 是该随机变量服从的概率分布；运算符号 E 是"期望"之意，常只利用 E 表达各阶矩的计算，以省略显示表达概率分布 $f(x,\ t)$，常常连 $f(x,\ t)$ 也不知道。所以只利用 E 进行表达，本身也有不必一定知道 $f(x,\ t)$ 之意。

随机信号 $x(t)$ 根据其 k 阶矩是否与时间有关，可进一步分为平稳和非平稳随机信号两大类。当随机信号是 2 阶平稳时，称为广义平稳信号，不引起歧义的情况下也简称平稳信号。广义平稳信号 $\{x(t)\}$ 有如下特性：

（1）其均值为常数，即 $E\{x(t)\}=\mu_x$（常数）；

（2）其二阶矩有界，即 $E\{x(t)x^*(t)\}=E\{|x(t)|^2\}<0$；

（3）其协方差函数与时间无关，即 $C_{xx}(\tau)=E\{[x(t)-\mu_x][x(t-\tau)-\mu_x]^*\}$。

为了与本章前面部分关于相关运算的内容相衔接，有必要对随机信号的遍历性进行简单介绍。随机信号定义要求每个时刻的取值是随机的，也就是说，如果想观察清楚该时刻随机变量的取值分布情况，应该在同一时刻多次取值。在雷达、声呐

探测过程中，这显然很难做到。那么如何在雷达、声呐信号一次性观测（随着时间变化的一次性随机过程轨迹）过程中提取到足够的信息量，是一个关键的原理性问题。由随机信号的遍历性可知，当一个信号是 n 阶矩均方遍历的平稳过程时，它的 n 阶及所有低阶的统计平均都可以用各自的时间平均来代替，或者说，这些统计量都可以根据该信号的一次观测数据进行估计。而现实中遇到的探测类信号大部分都具有这样的 n 阶矩均方遍历性质，所以可以用随着时间变化的一次性观测信号来估计该随机过程的 n 阶及所有低阶统计量。而且，利用统计量来描述随机信号的表达和分析方法与本章前文介绍的经典处理方法也有了等价的对应关系。

2）随机信号二阶统计量

令 $x(t)$ 为平稳信号，它的均值与时间无关，是一个常数，定义为

$$\mu_x = E\{x(t)\} \tag{2-104}$$

而 $x(t)$ 在时间 t_1 和 t_2 时刻的自相关函数和自协方差函数仅与时间差 $\tau = t_1 - t_2$ 相关，分别定义为

$$R_{xx}(\tau) = E\{x(t)x^*(t-\tau)\} \tag{2-105}$$

$$\begin{aligned} C_{xx}(\tau) &= E\{[x(t)-\mu_x][x(t-\tau)-\mu_x]^*\} \\ &= R_{xx}(\tau) - \mu_x\mu_x^* \\ &= R_{xx}(\tau) - |\mu_x|^2 \end{aligned} \tag{2-106}$$

回顾式（2-59）定义的相关函数，虽然式（2-59）表达的是互相关函数，但形式上也是一个只与时间差有关的函数。但是观察分析发现，式（2-59）是将一个随着时间变化的信号分成两个，彼此进行比较，而式（2-106）是在两个不同的时刻，对该两个时刻的随机变量进行统计分析，得到的结果理论上是一致的，这就是由前文所介绍的平稳信号遍历性所保证的。

随机信号也可以讨论功率谱密度问题，功率谱密度和自相关函数是一对傅里叶变换，如果将信号均值置零，则功率谱密度将与自协方差函数是一对傅里叶变换。结论与式（2-65）一致，感兴趣读者可自行推导。

例 2-2　证明均值为零的信号的功率谱密度对全频率的积分就是该信号的方差。

证明：令该信号为 $x(t)$，其均值 $\mu_x = 0$，其功率谱密度为 $P_{xx}(f)$，按照功率谱密度与自协方差函数之间的傅里叶变换对关系，有

$$P_{xx}(f) \leftrightarrow C_{xx}(t) \tag{2-107}$$

又因为，频域积分（面积）应该等于时域对应的零位函数值，即

$$\int_{-\infty}^{\infty} P_{xx}(f)\,\mathrm{d}f = C_{xx}(0) = E\{|x(t)|^2\} = \sigma^2 \tag{2-108}$$

除自相关函数及自协方差函数，关于不同的两个平稳随机信号之间也存在二阶

统计量，即互相关函数和互协方差函数。令

$$\begin{cases}\mu_x = E\{x(t)\} \\ \mu_y = E\{y(t)\}\end{cases} \tag{2-109}$$

它们之间的互相关函数是可定义为

$$R_{xy}(t_1, t_2) = E\{x(t_1)y^*(t_2)\} \tag{2-110}$$

互协方差函数可定义为

$$C_{xy}(t_1, t_2) = E\{[x(t_1) - \mu_x][y(t_2 - \tau) - \mu_y]^*\} = R_{xy}(\tau) - \mu_x\mu_y^* \tag{2-111}$$

与自相关函数和自协方差函数一样，在 $x(t)$ 和 $y(t)$ 是联合平稳随机信号情况下，$R_{xy}(t_1, t_2)$ 和 $C_{xy}(t_1, t_2)$ 也是只与时间差值 $\tau = t_1 - t_2$ 有关，即

$$R_{xy}(t_1, t_2) = R_{xy}(t_1 - t_2) = R_{xy}(\tau) \tag{2-112}$$

$$C_{xy}(t_1, t_2) = C_{xy}(t_1 - t_2) = C_{xy}(\tau) \tag{2-113}$$

互相关二阶统计量也常用来进行信号的判断分析，比如可以利用互相关函数判断两个随机信号的正交性，而正交性是消除探测信号之间干扰、提升计算效率等的重要性质，很多有效的探测模型和计算方法都是利用信号的正交性设计的。当然也有故意失去正交性的应用，比如电磁波天线，就是将导线的长度设计短到一定程度，使得电磁波信号在导线中不能维持正交性，导致电磁波耦合到电路外面，在空气中传播。

2.4.2 参数估计

理论上，将被测量视为随机变量，它会服从某种概率密度函数。可以假定它服从高斯分布，但是到底这个高斯分布的均值是多少、方差是多少，则需要通过大量观测随机变量的样本值进行反推，这个过程称为参数估计。参数估计主要有两类方法：一类是参数化方法，另一类是非参数化方法。参数化方法是基于已知概率密度函数的假设去进行参数优化计算，比如假定服从高斯分布、泊松分布等；非参数化方法则不假定观测数据服从某种特定的概率模型。非参数化方法本书不进行介绍，请读者自行参考功率谱估计、高阶谱估计等方法。本节主要向读者介绍估计子的性能、Fisher 信息与 Cramer-Rao 不等式这两方面内容，并对估计进行评价的量化标准进行介绍，而基于这些标准的估计方法不在本节介绍。经典的最小二乘法、最大似然法等有代表性的参数化估计方法将在第 5 章海洋传感器中介绍。

1）估计子的性能

下面给出估计子的定义：由 N 个样本获得的真实参数 θ_1，…，θ_p 的估计子是一个将 N 维样本空间 X^N 映射为 p 维参数空间 Θ 的函数 T。记作：T：$\mathrm{X}^N \to \Theta$。为方便

讨论，这里假设 $p=1$。参数 θ 的估计子常记为

$$\hat{\theta}=T(x_1,\ \cdots,\ x_N) \tag{2-114}$$

估计子的性能主要包括以下三个方面：无偏性、渐近无偏性与一致性。为介绍这几个性能，先给出估计子的偏差定义：参数 θ 的估计子 $\hat{\theta}$ 的偏差是该估计子误差的期望值，即

$$b(\hat{\theta})=E\{\hat{\theta}-\theta\}=E\{\hat{\theta}\}-\theta \tag{2-115}$$

如果

$$b(\hat{\theta})=0 \tag{2-116}$$

称估计子 $\hat{\theta}$ 为无偏的。

一般来说，估计子是无偏的，会带来比较好的估计效果，但是这并不意味着有偏估计就一定比无偏估计差。事实上，如果一个有偏估计子是渐近无偏的，它可能会比无偏估计带来更好的估计性能，因为还有依概率收敛的问题。给出渐近无偏估计子的定义：若当样本长度 $N\to\infty$时，偏差 $b(\hat{\theta})\to 0$，则称 $\hat{\theta}$ 是参数 θ 的渐近无偏估计子，即

$$\lim_{N\to\infty}E\{\hat{\theta}_N\}=\theta \tag{2-117}$$

例 2-3　考虑实随机信号 $x\{n\}$ 的自相关函数的两种估计子

$$\hat{R}_1(\tau)=\frac{1}{N-\tau}\sum_{n=1}^{N-\tau}x(n)x(n+\tau) \tag{2-118}$$

$$\hat{R}_2(\tau)=\frac{1}{N}\sum_{n=1}^{N-\tau}x(n)x(n+\tau) \tag{2-119}$$

假设数据独立观测，容易验证

$$E\{\hat{R}_1(\tau)\}=E\left\{\frac{1}{N-\tau}\sum_{n=1}^{N-\tau}x(n)x(n+\tau)\right\}=\frac{1}{N-\tau}\sum_{n=1}^{N-\tau}E\{x(n)x(n+\tau)\}=R_x(\tau) \tag{2-120}$$

$$E\{\hat{R}_2(\tau)\}=E\left\{\frac{1}{N}\sum_{n=1}^{N-\tau}x(n)x(n+\tau)\right\}=\frac{1}{N}\sum_{n=1}^{N-\tau}E\{x(n)x(n+\tau)\}=\left(1-\frac{\tau}{N}\right)R_x(\tau) \tag{2-121}$$

可以看出，$\hat{R}_1(\tau)$ 是无偏的，而 $\hat{R}_2(\tau)$ 是有偏的，但是渐近无偏的，因为

$$\lim_{N\to\infty}E\{\hat{R}_2(\tau)\}=R_x(\tau) \tag{2-122}$$

这里，$R_x(\tau)=E\{x(n)x(n+\tau)\}$ 是随机信号 $x\{n\}$ 真实自相关函数。

下面给出依概率收敛的定义：参数 θ 的估计子 $\hat{\theta}$ 称为依概率与真实参数 θ 一致，如果 $N\to\infty$时

$$\hat{\theta}\xrightarrow{p}\theta \tag{2-123}$$

这里 $\xrightarrow{p}$ 表示依概率收敛。

依概率收敛的意义在于评价估计子以多大概率接近真实值，即使是无偏估计，也可能以较小的概率接近真实值；即使是渐近无偏估计，也可能以较大概率接近真实值。这就涉及所谓的一致性问题。估计子的小误差概率指标就称为一致性。

介绍了评价估计子性能的指标后，下面探讨估计子之间的比较问题。

（1）两个无偏估计子之间的比较。如果 $\hat{\theta}_1$ 和 $\hat{\theta}_2$ 是对同一个真实参数 θ 的两个无偏估计，倾向于选择方差较小的那个估计子，即 $\min(\mathrm{var}(\hat{\theta}_1), \mathrm{var}(\hat{\theta}_2))$ 是选择使用哪个估计子的原则，这里 $\mathrm{var}(\hat{\theta})$ 是指估计量的方差。

（2）无偏（或渐近无偏）和渐近无偏估计子之间的比较。两个估计子 $\hat{\theta}_1$ 和 $\hat{\theta}_2$，如果 $\mathrm{var}(\hat{\theta}_1)$ 小而偏差较大，另一个 $\mathrm{var}(\hat{\theta}_2)$ 较大而偏差较小，这种情况下需要引入均方误差来进行二者的比较评价。

给出均方误差的定义：参数 θ 与估计子 $\hat{\theta}$ 的均方误差 $M^2(\hat{\theta})$ 定义为该估计子与真实参数的误差平方的期望值，即

$$M^2(\hat{\theta}) = E\{(\hat{\theta} - \theta)^2\} \tag{2-124}$$

直接给出 $M^2(\hat{\theta})$ 的进一步表达

$$M^2(\hat{\theta}) = \mathrm{var}(\hat{\theta}) + b^2(\hat{\theta}) \tag{2-125}$$

式（2-125）的结果，请读者自行证明。可知，均方误差一般情况比方差或偏差涵盖更多的内容，比单独使用偏差或方差更合理。

2）Fisher 信息与 Cramer-Rao 不等式

这一部分要探讨的内容可以这样表述，假设待估计的真实参数 θ 是已知的，但是不告诉任何人，在这种情况下，若想找出各种可能的估计子中最优的那个，极限衡量标准是什么？下面先介绍 Fisher 信息，再基于 Fisher 信息给出 Cramer-Rao 下界。

（1）Fisher 信息。首先给出品质函数的定义：当真实参数 θ 已给定的情况下，随机变量 x 的品质函数 V 定义为条件分布密度函数的对数 $\ln f(x \mid \theta)$ 对真实参数 θ 的偏导数，即

$$V(x) = \frac{\partial}{\partial \theta} \ln f(x \mid \theta) = \frac{\frac{\partial}{\partial \theta} f(x \mid \theta)}{f(x \mid \theta)} \tag{2-126}$$

品质函数有一个非常好的性质，即均值为零

$$E\{V(x)\} = \int_{-\infty}^{\infty} \frac{\frac{\partial}{\partial \theta} f(x \mid \theta)}{f(x \mid \theta)} f(x \mid \theta)\,\mathrm{d}x = \frac{\partial}{\partial \theta} \int_{-\infty}^{\infty} f(x \mid \theta)\,\mathrm{d}x = 0 \tag{2-127}$$

基于此，给出 Fisher 信息的定义：品质函数的方差，用 $J(\theta)$ 表示

$$J(\theta)=E\{V^2(x)\}=E\left\{\left(\frac{\partial \ln f(x\mid\theta)}{\partial\theta}\right)^2\right\}=-E\left\{\frac{\partial^2 \ln f(x\mid\theta)}{\partial\theta^2}\right\} \tag{2-128}$$

对式（2-128）后半部分进行推导证明

$$\begin{aligned}
E\left\{\frac{\partial^2 \ln f(x\mid\theta)}{\partial\theta^2}\right\} &= \int \frac{\partial}{\partial\theta}\left(\frac{\partial}{\partial\theta}\ln f(x\mid\theta)\right)f(x\mid\theta)\,\mathrm{d}x \\
&= \int \frac{\partial}{\partial\theta}\left(\frac{\frac{\partial}{\partial\theta}f(x\mid\theta)}{f(x\mid\theta)}\right)f(x\mid\theta)\,\mathrm{d}x \\
&= \int \frac{\frac{\partial^2 f(x\mid\theta)}{\partial\theta^2}f(x\mid\theta)-\frac{\partial f(x\mid\theta)}{\partial\theta}\frac{\partial f(x\mid\theta)}{\partial\theta}}{f^2(x\mid\theta)}f(x\mid\theta)\,\mathrm{d}x \\
&= \int \frac{\partial^2 f(x\mid\theta)}{\partial\theta^2}\mathrm{d}x-\int\left(\frac{\frac{\partial f(x\mid\theta)}{\partial\theta}}{f(x\mid\theta)}\right)^2 f(x\mid\theta)\,\mathrm{d}x \\
&= \frac{\partial^2}{\partial\theta^2}\int f(x\mid\theta)\,\mathrm{d}x-\int\left(\frac{\partial \ln f(x\mid\theta)}{\partial\theta}\right)^2 f(x\mid\theta)\,\mathrm{d}x \\
&= 0-E\left\{\left(\frac{\partial \ln f(x\mid\theta)}{\partial\theta}\right)^2\right\} \\
&= -E\left\{\left(\frac{\partial \ln f(x\mid\theta)}{\partial\theta}\right)^2\right\}
\end{aligned} \tag{2-129}$$

如果随机变量的观测值是向量，将

$$f(x\mid\theta)\to f((x_1,\ \cdots,\ x_N)\mid\theta)=f(\boldsymbol{x}\mid\theta) \tag{2-130}$$

代入式（2-128）即可。

（2）Cramer-Rao 下界。Fisher 信息可以用来构建 Cramer-Rao 下界，其关系由如下定理阐述：令 $\boldsymbol{x}=(x_1,\ \cdots,\ x_N)$ 为观测样本向量。若 $\hat{\theta}$ 是 θ 的无偏估计，且 $\frac{\partial f(x\mid\theta)}{\partial\theta}$ 和 $\frac{\partial^2 f(x\mid\theta)}{\partial\theta^2}$ 存在，则 $\hat{\theta}$ 的均方误差能达到的最下界等于 Fisher 信息的倒数，即

$$\operatorname{var}(\hat{\theta})=E\{(\hat{\theta}-\theta)^2\}\geqslant\frac{1}{J(\theta)} \tag{2-131}$$

式中，$J(\theta)$ 在式（2-128）中给出。不等式中等号成立的充要条件是

$$\frac{\partial \ln f(x\mid\theta)}{\partial\theta}=K(\theta)(\hat{\theta}-\theta) \tag{2-132}$$

式中，$K(\theta)$ 是 θ 的某个正函数，并与样本 $\boldsymbol{x}=(x_1,\ \cdots,\ x_N)$ 无关。

证明：因为是无偏估计，所以有

$$E\{\hat{\theta}-\theta\}=\int(\hat{\theta}-\theta)f(x\mid\theta)\mathrm{d}x=0 \tag{2-133}$$

两边对 θ 求偏导，得

$$\frac{\partial}{\partial\theta}E\{\hat{\theta}-\theta\}=\frac{\partial}{\partial\theta}\int(\hat{\theta}-\theta)f(x\mid\theta)\mathrm{d}x=\int\frac{\partial}{\partial\theta}[(\hat{\theta}-\theta)f(x\mid\theta)]\mathrm{d}x=0 \tag{2-134}$$

将式（2-134）右半部分求导展开，得

$$-\int f(x\mid\theta)\mathrm{d}x+(\hat{\theta}-\theta)\int\frac{\partial}{\partial\theta}(f(x\mid\theta))\mathrm{d}x=0 \tag{2-135}$$

于是有

$$\begin{aligned}(\hat{\theta}-\theta)\int\frac{\partial}{\partial\theta}(f(x\mid\theta))\mathrm{d}x&=\int f(x\mid\theta)\mathrm{d}x=1\\&=\int\frac{\partial\ln f(x\mid\theta)}{\partial\theta}f(x\mid\theta)(\hat{\theta}-\theta)\mathrm{d}x=1\end{aligned} \tag{2-136}$$

进一步将式（2-136）分解为

$$\int\left(\frac{\partial\ln f(x\mid\theta)}{\partial\theta}\sqrt{f(x\mid\theta)}\right)[(\hat{\theta}-\theta)\sqrt{f(x\mid\theta)}]\mathrm{d}x=1 \tag{2-137}$$

利用 Cauchy-Schwartz 不等式进行分解，得

$$\begin{aligned}1&=\int\left(\frac{\partial\ln f(x\mid\theta)}{\partial\theta}\sqrt{f(x\mid\theta)}\right)[(\hat{\theta}-\theta)\sqrt{f(x\mid\theta)}]\mathrm{d}x\\&\leqslant\int\left(\frac{\partial\ln f(x\mid\theta)}{\partial\theta}\right)^2f(x\mid\theta)\mathrm{d}x=\int(\hat{\theta}-\theta)^2f(x\mid\theta)\mathrm{d}x\end{aligned} \tag{2-138}$$

等价整理为

$$\int(\hat{\theta}-\theta)^2f(x\mid\theta)\mathrm{d}x\geqslant\frac{1}{\int\left(\frac{\partial\ln f(x\mid\theta)}{\partial\theta}\right)^2f(x\mid\theta)\mathrm{d}x}=\frac{1}{J(\theta)} \tag{2-139}$$

根据 Cauchy-Schwartz 不等式中等号成立的条件，易知

$$\frac{\partial\ln f(x\mid\theta)}{\partial\theta}\sqrt{f(x\mid\theta)}=K(\theta)(\hat{\theta}-\theta)\sqrt{f(x\mid\theta)} \tag{2-140}$$

即

$$\frac{\partial\ln f(x\mid\theta)}{\partial\theta}=K(\theta)(\hat{\theta}-\theta) \tag{2-141}$$

时，等号成立。

当 $\hat{\theta}$ 是 θ 的有偏估计时，调整式（2-139）为

$$\int(\hat{\theta}-\theta)^2f(x\mid\theta)\mathrm{d}x\geqslant\frac{\left(1+\frac{\mathrm{d}b(\theta)}{\mathrm{d}\theta}\right)^2}{J(\theta)} \tag{2-142}$$

式中，$b(\theta)$ 为估计子 $\hat{\theta}$ 的偏差。

以上，给出参数估计的性能评价指标即可达到的理论估计极限。在估计子的设计方面，在本书第 5 章给出了经典的最小二乘法、最大似然法的原理解释，其他常用估计方法如贝叶斯估计、线性均方估计、加权最小二乘估计等，读者可自行选择相关材料学习。

2.4.3　匹配滤波器

滤波器本身就是一门比较复杂的学问，它的作用是将感兴趣的目标信号从现有信号中分离出来。从数学角度来看，其实质是以函数为考虑元素的变分问题，在某种优化原则指导下，求出最满意的函数。在雷达、声呐回波信号处理中，常用匹配滤波器。下面介绍匹配滤波器的基本原理和性质。

1）匹配滤波器的数学原理

匹配滤波器的求解优化目标是使得滤波器的输出达到最大的信噪比。假设接收到的回波信号为

$$y(t)=s(t)+n(t),\quad -\infty<t<\infty \tag{2-143}$$

式中，$s(t)$ 为已知信号；$n(t)$ 为均值为零的平稳噪声信号。

令 $h(t)$ 是滤波器的系统函数，也就是在冲击作用下的滤波器输出。目前所要探讨的目标是已知 $s(t)$ 设计 $h(t)$ 的具体形式，使得滤波器输出的信噪比最大。由线性时不变系统知识可知，在以上已知条件下，系统的输出为

$$\begin{aligned}y_o(t)&=y(t)h(t)\\&=s(t)h(t)+n(t)h(t)\\&=s_o(t)+n_o(t)\end{aligned} \tag{2-144}$$

输出信号的信噪比可表达为

$$\left(\frac{S}{N}\right)^2=\frac{s_o^2(t)}{E\{n_o^2(t)\}} \tag{2-145}$$

转换到频域可表达为

$$s_o^2(t)=\left|\int_{-\infty}^{\infty}\tilde{s}(f)H(f)\mathrm{e}^{j2\pi ft}\mathrm{d}f\right|^2 \tag{2-146}$$

式中，$H(f)$ 是 $h(t)$ 的频域表示；$\tilde{s}(f)$ 是 $s(t)$ 的频域表示。关于噪声谱，有

$$E\{n_o^2(t)\}=\int_{-\infty}^{\infty}P_{\mathrm{n}_o}(f)\mathrm{d}f=\int_{-\infty}^{\infty}H^2(f)P_{\mathrm{n}}(f)\mathrm{d}f \tag{2-147}$$

式中，$P_{\mathrm{n}_o}(f)$ 和 $P_{\mathrm{n}}(f)$ 是输出和输入噪声功率谱密度函数。

将式（2-146）和式（2-147）代入式（2-145），有

$$\left(\frac{S}{N}\right)^2=\frac{s_o^2(t)}{E\{n_o^2(t)\}}=\frac{\left|\int_{-\infty}^{\infty}\tilde{s}(f)H(f)\mathrm{e}^{j2\pi ft}\mathrm{d}f\right|^2}{\int_{-\infty}^{\infty}H^2(f)P_{\mathrm{n}}(f)\mathrm{d}f} \tag{2-148}$$

应用 Cauchy-Schwartz 不等式，式（2-148）可进一步整理为

$$\begin{aligned}\left(\frac{S}{N}\right)^2&=\frac{\left|\int_{-\infty}^{\infty}\tilde{s}(f)H(f)\mathrm{e}^{j2\pi ft}\mathrm{d}f\right|^2}{\int_{-\infty}^{\infty}H^2(f)P_{\mathrm{n}}(f)\mathrm{d}f}=\frac{\left|\int_{-\infty}^{\infty}H(f)\sqrt{P_{\mathrm{n}}(f)}\dfrac{\tilde{s}(f)}{\sqrt{P_{\mathrm{n}}(f)}}\mathrm{e}^{j2\pi ft}\mathrm{d}f\right|^2}{\int_{-\infty}^{\infty}H^2(f)P_{\mathrm{n}}(f)\mathrm{d}f}\\&\leqslant\frac{\int_{-\infty}^{\infty}H^2(f)P_{\mathrm{n}}(f)\mathrm{d}f\int_{-\infty}^{\infty}\dfrac{\tilde{s}^2(f)}{P_{\mathrm{n}}(f)}\mathrm{d}f}{\int_{-\infty}^{\infty}H^2(f)P_{\mathrm{n}}(f)\mathrm{d}f}\\&=\int_{-\infty}^{\infty}\frac{\tilde{s}^2(f)}{P_{\mathrm{n}}(f)}\mathrm{d}f\end{aligned} \tag{2-149}$$

取等号的条件是

$$\begin{aligned}H(f)\sqrt{P_{\mathrm{n}}(f)}&=\left(\frac{\tilde{s}(f)}{\sqrt{P_{\mathrm{n}}(f)}}\mathrm{e}^{j2\pi ft}\right)^*\\&=\frac{\tilde{s}^*(f)}{\sqrt{P_{\mathrm{n}}^*(f)}}\mathrm{e}^{-j2\pi ft}\end{aligned} \tag{2-150}$$

此时的

$$H(f)=\frac{\tilde{s}^*(f)}{P_{\mathrm{n}}(f)}\mathrm{e}^{-j2\pi ft}=\frac{\tilde{s}(-f)}{P_{\mathrm{n}}(f)}\mathrm{e}^{-j2\pi ft} \tag{2-151}$$

对于回波信号的一般形式，$\tilde{s}^*(f)=\tilde{s}(-f)$，即 f 都出现在波动信号的指数上。以上讨论中，t 是出现最大信噪比的时刻，物理解释是探测波信号的共轭及延时了 t 的函数是可以令输出得到最大信噪比的滤波器形式；换言之，如果不规定 t，那么滤波结果的最大峰值处，应该就是延时 t 所在位置，这在雷达、声呐等探测应用中具有非常重要的实用价值。

2）匹配滤波器的性质

匹配滤波器的性质总结如下：

（1）所有线性滤波器中，匹配滤波器输出的信噪比最大，它与输入信号的波形以及加性噪声的分布特性无关；

（2）匹配滤波器输出信号在某个特定的延时 t 处的瞬时功率达到最大；

（3）关于时间 t 的积分区域应该覆盖最大功率出现的时刻 t；

（4）匹配滤波器对相位信号更敏感，幅度可以放宽要求，或者说只要波形正确，匹配滤波器就能得到正确的结果；

（5）匹配滤波器对频移信号不适用。

2.5　小结

海洋探测主要依赖声波、光波以及电磁波等信号，本章抛开每种波的物理特性，而在数学层面给出了这些波动信号的描述。从这个角度看，它们有一致性，或者可以说能用相同的数学工具去描述和计算。在此基础上，从经典信息处理和现代信号处理两个层面，对信号处理的一般常用原理和方法进行概述性的简要讲解，可以在原理理解层面帮助读者学习大部分海洋探测仪器的工作原理，在进一步的技术优化方面，也给出了有章可循的思路，为后续章节学习打下了必要的数学基础。

第3章 海洋成像探测仪器

水下成像仪器是人类认识海洋、开发利用海洋和保护海洋的重要手段和工具，具有探测目标直观、成像分辨率高、信息量大等优点。本章从经典的广泛应用于相机等仪器设备的几何成像模型开始，引申到更为一般的波动成像模型。这些模型广泛适用于雷达、声呐乃至水下显微镜等常用海洋成像探测仪器设备。在此基础上，本章对成像系统的数学模型进行抽象，围绕着成像分辨率这一核心评价指标，详细介绍了成像模型的系统分析方法，这些方法可以很好地应用于合成孔径、高光谱等成像技术性能分析。

3.1 成像的基本概念

一般为大众所熟知的成像是高斯光学所讨论的内容，将光在介质中传播的规律和工程光学技术（透镜技术等）相结合，实现成像。生活和学习中的相机、显微镜、望远镜等都是比较常见的例子。在光学工程领域，在成像概念上，它完全从高斯光学理论出发，侧重于表达完善成像的概念，指出若一个物点对应的一束同心光束经光学系统后仍为同心光束，该光束的中心即为该物点的完善像点。显然，这种表达对光学工程学科来说，是没有任何问题的，但对于声呐成像或雷达成像来说，上述表达应有所限定，不能代表更广泛意义上的成像。

在海洋成像探测应用背景下，成像的概念在高斯光学理论的范畴上有所扩展。以成像声呐为例，成像声呐系统中鲜有类似于光学系统中功能等同于透镜的器件，一般只有一个用于声波信号接收的换能器阵列，在这个成像模型下，如何定义成像？显然这里面同心光（声）束的概念并不显然，更不存在经不经过光学/声学系统的问题，但成像声呐也能完成成像，比如侧扫成像声呐、前视成像声呐，甚至医用B超也是基于相同的原理来实现体内成像的。

从更广泛的意义上来讲，某一空间上的某个媒介（声、光、电磁波等）的参量分布信息（如光强分布、声压分布）映射为另一个空间的可显示信息就是成像，而能完成这一映射（传递、转换）的装置、计算模型及算法等，就可称为成像系统。从以上定义可以看出，成像是在空间与空间之间进行能量等参数分布信息映射的过程。

以人眼成像为例，光强分布信息通过人眼结构映射到视网膜上。深入成像过程，可以提炼出所谓同心光束的概念，高斯光学理论即是对同心光束完成一系列转换操作实现成像。而声学成像，声压分布情况则借助声波传播到声呐接收阵列上，再通过一系列计算，实现声学成像；利用电磁波成像的合成孔径雷达成像技术（synthetic aperture radar，SAR），即是把地球表面某区域的空间分布情况，借助电磁波进行传输，再通过一系列计算，即实现电磁波成像。

所以，在海洋成像探测这个应用背景下，应该将人们所熟知的光学成像概念进行扩展，将其覆盖到适用于利用声波、电磁波进行图像信息获取的场景中去，同时在数学模型方面，这种概念扩展也更有助于读者对各种成像仪器设备的工作原理形成统一的认识和理解。

3.2　成像系统的基本结构

从物理结构层面上讲，成像系统一般包括发射、接收及处理三部分结构，这是主动成像的结构。对于被动成像来说，则是直接接收自然界的图像信息进行成像，可以省去发射装置，比如相机就是典型的被动成像装置，即使夜间拍摄使用闪光灯，但闪光灯发射出去的光的状态不可知，也不属于主动成像。不管是被动还是主动，成像都需要某种媒介（声、光、电磁波等）承载空间的信息分布，进而基于某种物理效应和数学模型，对接收到的信息进行解读，获取待定图像信息。从这个角度来讲，也可以将成像过程在原理层面进行解剖。

从原理层面上讲，成像应该包括发射波的设计、信道特征的利用、波与待成像目标的作用机理、回波的接收与处理计算等过程，如图 3-1 所示。以相机成像为例，它对发射波没有太高的设计要求，自然光即可，弱光成像系统甚至能利用物体反射的月光进行成像，这是对发射波的考虑；光在空气中沿着直线进行传播，这是空气光学信道的基本特征，若是在水下环境，光强沿路途衰减非常严重，即使很清澈的海水，最多也只有几十米的直线传播距离，这种信道条件就限制了水下相机的成像距离，这是对信道特点的考虑；在相机系统中，光波与被成像目标作用的原理应该是光的反射定律或者散射效应，即光子被直接弹回来，或者有一定频率上的变化再被弹回来，如拉曼散射，理解这个作用机理有助于在接收端设计相应的接收结构和计算模型；最后，在接收端考虑利用电荷耦合元件（charge coupled device，CCD）或者 CMOS 光电传感器对回波的光强进行捕捉，实现成像。这是一个完整的成像系统所包括的主要环节，在学习理解过程中应该予以重视。

成像是一个很大的题目，本章从教学的角度出发，将光学成像、声学成像、电磁波成像抽象处理，仅从成像模型的角度对成像问题所涉及的知识进行介绍，再结合成像系统模型分析的需求，对成像分辨率问题加以阐述。关于成像系统的物理结构，比如成像用的源，在光学成像系统中可能是激光器，在声学成像系统中可能是声学换能器，在电磁波成像系统中可能是天线，这些外围知识不在此介绍，可参考其他相关课程。

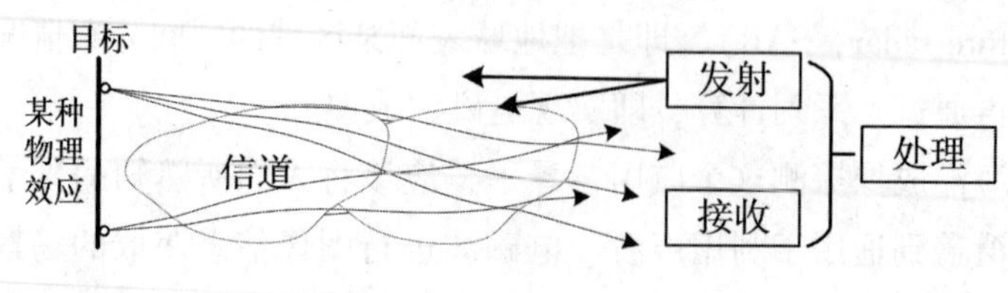

图 3-1　成像过程涉及的各环节

3.3　几何成像模型

3.3.1　小孔成像模型

小孔成像模型是最经典，也是最为人所熟知的成像模型。小孔成像起源于人们对自然界成像现象的观察，其原理如图 3-2 所示。

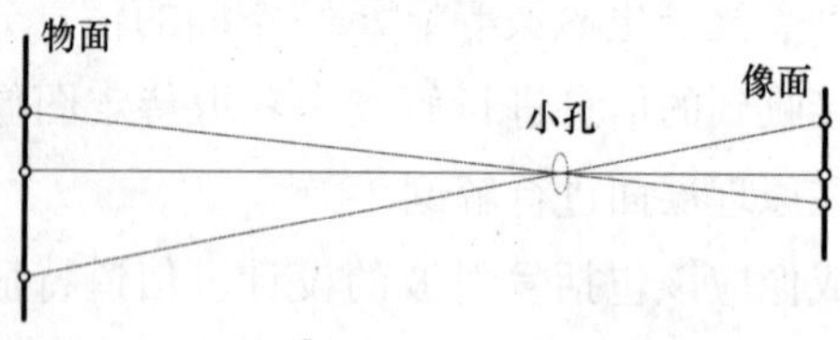

图 3-2　小孔成像原理

图 3-2 表明，仅以光学成像为例说明，所有从物面反射或散射回来的光线，都必须经过小孔的限制（实际上是一种空间滤波），使得像面上的点和物面上的点是一一映射关系。也可以从另一角度分析，假如成像模型如图 3-3 所示，可以看出，如果没有小孔的限制，在光线反射或散射这一类物理效应以及光沿直线传播的信道特性的控制下，物面上的一个物点可能会发射出很多条沿着不同方向传播的光线，这些光线可能覆盖整个像面，物面和像面之间也就无法建立起一一映射的关系。

综上分析，在物面和像面之间放置小孔（理想情况下是没有大小的孔），小孔则能限制物面的一个点只能和像面的一个点进行一一映射。保证一一映射的关系，即实现了成像。这就是小孔能成像的数学原理。

在此，有两个问题需要进一步解释。

第一个问题：为什么在实际的光学成像系统中，没有利用小孔，而是利用一系列叠放在一起的透镜进行成像，这与小孔模型是有所差异的，如何对此进行解释？

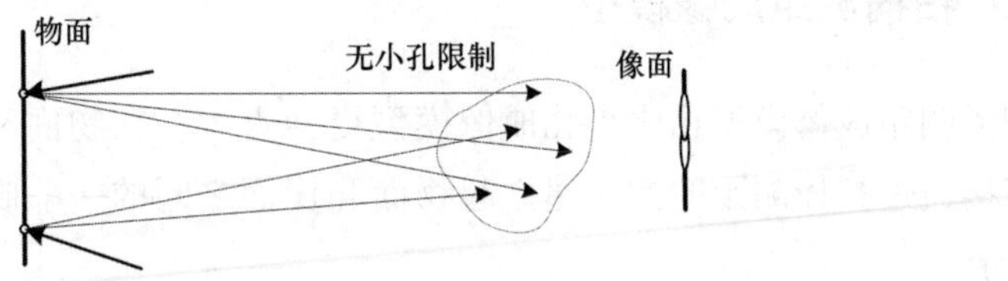

图 3-3　无小孔限制的成像模型

小孔成像模型只是一种理想的数学模型，理想小孔也应该是没有大小的，而在实际成像过程中，光线不是理想的没有宽度的线，它必然不能穿过理想的没有大小的孔完成成像。即使有部分光线成功穿过，能携带的能量也非常小，不能形成有效的成像亮度，即没有对比度。所以这种理想模型只是一种数学模型，帮助人们建立思考框架。实际设计中应该把小孔设计成有一定大小的孔，让携带一定能量的光线射进来，但这又与小孔成像模型一一映射的数学关系相违背，所以必须将一定大小的孔填满一种高折射率介质，让发散的光会聚，保证物面的点到像面仍然也是一个点，保证一一映射关系的同时，也能保证一定能量的带入。这就促使高斯光学理论必须研究如何有效地改变光束宽度（会聚或是发散角度），以同时满足物面点和像面点的一一映射关系和一定的成像亮度。根本原因即在于此。

第二个问题：目前只用光学知识去解释小孔成像模型，为什么不用声波或电磁波知识去解释，或者说声波或电磁波成像为什么不套用小孔成像模型？

对这个问题的解释要考虑光波、电磁波和声波的波长量级。光波的波长尺度在纳米量级，一般的成像设备大小至少在亚米级，这使得光波的传播行为在亚米量级尺度的器件面前，更多地只表现出粒子性，也就是更像一条笔直的线，这是小孔成像模型保证一一映射关系所需要的。而对于声波来说，其波长在亚米或米量级是很常见的，常见的声学换能器件的工作范围也只达到亚米量级，其与声波的波长相当，所以在这些器件面前声波的波动性质占主导，声波穿过与其量级相当甚至更小的孔，无法保证直线传播的性质，也就无法再利用小孔成像模型思考声波的成像问题。对电磁波的思考与声波基本一致，常用在海洋探测的电磁波也基本属于长波范围，很难表现出良好的直线传播特性，所以小孔成像对于这种长波媒介难以适用。

尽管小孔成像模型针对声波和电磁波这种长波成像探测应用难以适用，但作为最直观的成像模型，它广泛应用于光学成像领域，很多利用相机作为传感器进行测量的工作，比如常用在海岸地形测量任务的航空摄影测量、近景摄影测量等，都是以小孔成像模型为基础建立各种复杂的测量模型，它直接与欧氏几何理论建立直观联系，是一类极为重要的应用。

3.3.2 扫描测距成像模型

扫描测距成像模型相比小孔成像模型更为直观，在物面和像面之间没有任何设备，直接通过扫描测距的方式建立起物面和像面之间的一一映射关系，其模型如图3-4 所示。

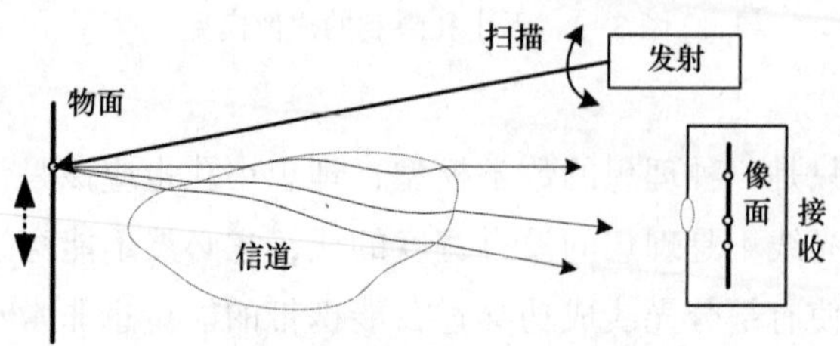

图 3-4　扫描测距成像模型

这种成像模型本质并没脱离需要保证一一映射的成像要求，只是在发射信号部分将源的性质变得更好，把成像问题转化为测距问题，优化某种性能，并能适应某种应用场景。

这种成像方式在激光雷达中广泛使用，比如汽车自动驾驶的环境感知激光雷达，就是利用这种扫描测距的方式完成图像拼接。这种成像模型的优点是可以自主设定扫描方式，可以旋转扫描、也可以移动扫描，或者通过旋转镜和振镜代替激光头运动完成扫描；缺点是对激光的性能要求较高（高带宽、直线性），此外还要有高效的扫描机构。实际上，这种成像模型就是在不断地快速地测量距离，而这种以成像为目的的距离测量更关注测量的相对精度。

在海洋探测中常用的多波束也是一种高效的测距模型，但它是利用十字形收发阵列实现条带式同步测距，省去了旋转扫描机构，随着船的移动完成大面积扫描测距。另外值得一提的是，近年发展起来的非视域成像方面的研究工作，也是建立在以上两种成像模型的基础上，只是把信道考虑得更为复杂，将“光线严重拐弯”的情况纳入考虑，能够完成非视域条件下的成像。有兴趣的读者可以自行查阅相关文献。具体关于距离测量的问题，将在第 4 章海洋几何量测量仪器中进行详细介绍。

3.3.3 几何成像模型的数学表达

设物面上的点为集合 X，像面上的点为集合 Y。从集合 X 到集合 Y 的映射就可以理解成某种成像过程

$$Y = f(X) \tag{3-1}$$

在几何成像模型中，可以认为 X 与 Y 的元素之间为一一映射，令 x_1，x_2，…，$x_n \in X$，y_1，y_2，…，$y_n \in Y$，则二者之间的关系为

$$\begin{bmatrix} y_1 \\ y_2 \\ \vdots \\ y_n \end{bmatrix} = \begin{bmatrix} \lambda & & & \\ & \lambda & & \\ & & \ddots & \\ & & & \lambda \end{bmatrix} \begin{bmatrix} x_1 \\ x_2 \\ \vdots \\ x_n \end{bmatrix} \tag{3-2}$$

式中，λ 是一个常数，代表能量的衰减程度，在不考虑衰减的情况下，$\lambda = 1$。

这里有两点要说明，一是在一次小孔成像模型下，式（3-2）中的映射矩阵应为反对角矩阵，因为一次小孔成像都是倒像，若经两次成像，则可以转为正像，上述矩阵变为正对角矩阵；二是实际上待成像目标不应该是离散的，应该是连续的目标，但是在这个模型下，因为接收装置不可能使元素无限密集，所以设集合 X 为有限的也是合理的。

3.3.4　几何成像模型的特点

总的来说，几何成像模型所依赖的数学原理就是欧氏几何原理，原因在于所使用的媒介波长比器件小得多，成像媒介更多地表现出粒子性，使得欧氏几何原理能够得到很好的应用。几何成像模型有以下几个特点（包括优势和劣势）。

1）原理直观

几何成像模型的成像原理没有太复杂的数学表达，物像之间是最简洁的线性关系。很多应用都是以几何成像模型为基础完成工程设计，门槛低，相比基本成像原理来说，技术因素要求更高一些。

2）分辨率提升受限

由于成像媒介一般都具有波动性，当深入考虑进一步提升成像分辨率的问题时，现有的几何成像模型就无法解释为什么成像分辨率是有物理极限的。因为从几何成像模型来说，直线可以无穷窄，一一映射可以做到无穷密集。但深入探究，会发现这个模型的极限已经变得非线性，会出现波动现象。所以按几何成像模型去提升分辨率，都是在没有超过这个极限的范围内做一些性能提升工作，比如提升 CCD 的像素量等。这个问题就好像在物理问题描述中，在不影响结论的情况下，更愿意利用质点的概念去代替实际物体，使得描述变得简单，但当深入局部进行研究时，就会发现这种近似代替并不适用。

3）一般只对短波长成像适用

由于在几何成像模型中，一般认为波沿直线传播，在现有能被接受的器件大小尺度上，可见光的光波可以很好地满足这种模型假设前提。常见的声波、电磁波成像等都很难把器件体量做到很大，而使得声波、电磁波都表现出良好的粒子性，所以说这种成像模型对源是有限制的。从某种程度上讲，这也是由人力所能及的操控尺度所限制的。

3.4 波动成像模型

3.4.1 波动成像模型的物理描述

在学习几何成像模型过程中，特别在小孔成像模型中，我们提到过，理想情况下小孔应该是无限小的，但这实际上是做不到的，也不合理，必须让能量穿过小孔。这样，小孔在实际应用中就必须变成“大孔”，而“大孔”却破坏了小孔成像的条件。这种破坏可以通过某种技术进行补偿，在光学成像中，就是利用透镜技术实现的。简单地讲，就是把发散的同心束变成会聚的同心束，使得光在像面上依然保证是一个点，而不是一个很大的斑。其过程如图 3-5 所示。

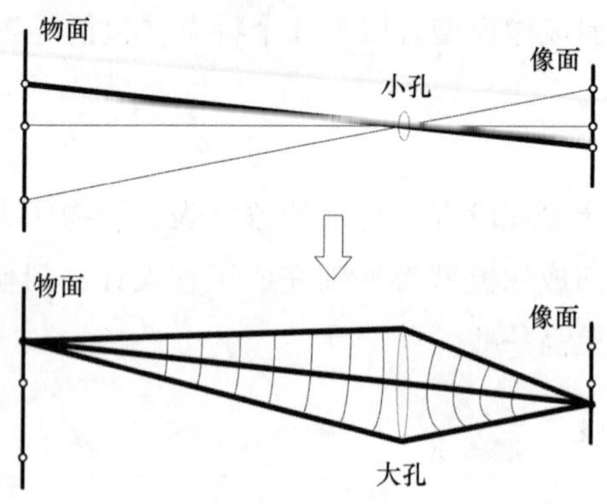

图 3-5　小孔变“大孔”的过程示意

从图 3-5 可以清楚地看出，为了保证有一定能量的光通过，小孔变成大孔，但大孔破坏了小孔成像模型物像一一映射关系，在大孔中放置透镜或利用相关技术完成发散束向会聚束的转换，目的是保证物面上的点到像面上还是一个点。

3.4.2 波动成像模型的数学描述

在式（3-2）中，引入了对角矩阵表达物点和像点的一一对应关系，这在表达理想几何成像模型时没有任何问题，但如何在式（3-2）的基础上做进一步改动以适应如图 3-5 所示的实际成像物理过程呢？

有基本矩阵知识的读者应该知道，任何一个对角矩阵 I 都可以分解为某个合适

的矩阵 $\boldsymbol{A}$ 和它的逆 $\boldsymbol{A}^{-1}$ 之乘积。所以，不加证明地指出，总存在一个矩阵 $\boldsymbol{A}$ 或 $\boldsymbol{A}^{-1}$ 可以描述承载图像信息的波动传播到大孔之前的行为，而对应的 $\boldsymbol{A}^{-1}$ 或 $\boldsymbol{A}$ 就用来描述经过中间补偿技术（光学成像中为透镜技术）后再传播到像面的行为，所以可以用图 3-6 表达这种为迎合物理实际过程而进行的数学上的转换。

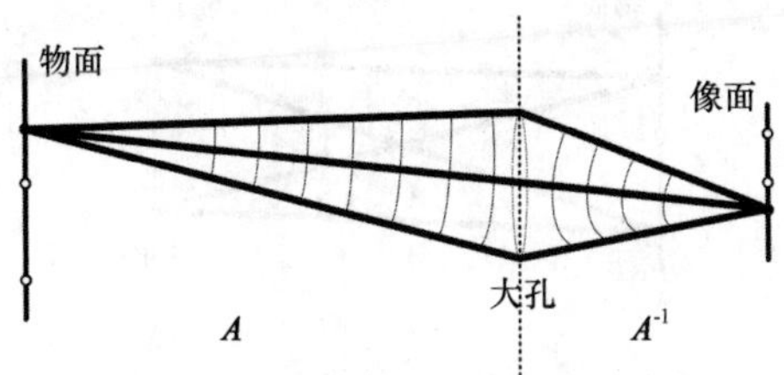

图 3-6　将对角阵分解来描述实际成像过程

这样，表达符合实物实际的成像模型可以进一步表达为

$$y = \boldsymbol{I}x = \boldsymbol{A}^{-1}\boldsymbol{A}x \tag{3-3}$$

这里 $x = [x_1 \quad x_2 \quad \cdots \quad x_n]^T$，$y = [y_1 \quad y_2 \quad \cdots \quad y_n]^T$ 分别对应式（3-2）中的表达形式。

至此，读者可以很容易猜想，如果只接收到“大孔”之前的数据，也就是式（3-3）中的 $\boldsymbol{A}x$ 部分，也可用图 3-7 表达。

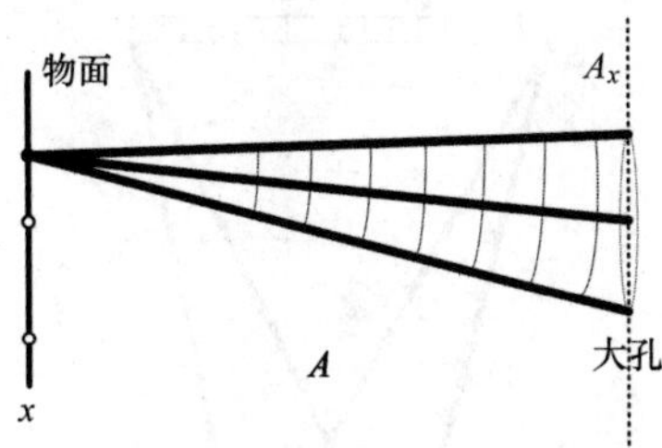

图 3-7　对成像过程的分解

那么，从式（3-3）可知，只需要知道 $\boldsymbol{A}$ 的逆 $\boldsymbol{A}^{-1}$，通过计算即可得到图像 y。这样余下的过程就是求 $\boldsymbol{A}^{-1}$ 的问题。

通过以上简洁而不失合理性的推导，就从几何成像模型过渡到了波动成像模型。而这个模型在光学领域就是经典的傅里叶光学的基本模型，在声学领域就是声呐成像的模型，当然电磁波成像也是基于这个基本模型的。

这里有必要再强调一下，引入波动成像模型是为了应对成像媒介波长和器件尺度基本相当情况下的必然。只有这样，才能摆脱几何成像模型中对良好直线性传播的硬性要求；才能脱离欧氏几何原理对理解成像问题的限制；才能进一步研究器件与波长尺度相当情况下的成像问题；才能探讨成像分辨率极限的问题，因为这个模型更接近物理本质。这些问题放在后面小节逐步学习探讨。

3.4.3 波动模型中从物到像的卷积表达

一般的图 3-7 还可以进一步表达为图 3-8 所示的形式。

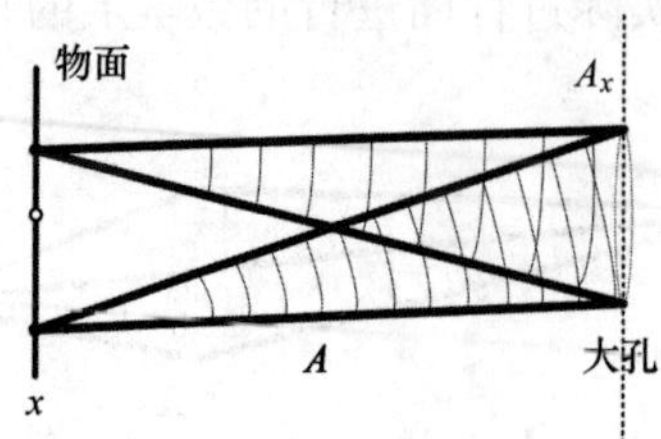

图 3-8 对参数 A 的一般性表达

不加证明地由图 3-8 可知，式（3-3）中代表传播过程的矩阵 **A** 应该具有良好的线性性质，也就是说物面上的每个点传播到接收孔径上的规律是一致的，这个性质使得人们可以更深刻地认识成像问题，下面对波从物传播到像的性质进行学习和探讨。

为了更直观地表达此模型可以应用于更一般的声呐成像、电磁波成像模型，将图 3-8 另行表达如图 3-9 所示。

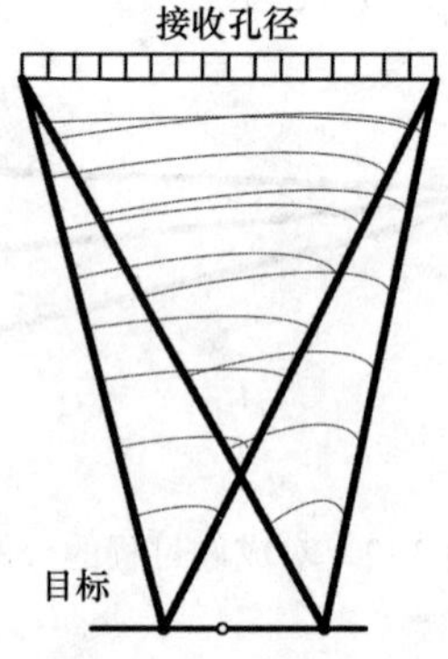

图 3-9 声呐或雷达波动成像模型示意图

在详细分析之前，先不加证明地给出结论：波动从物面（目标）传播到接收孔径（声呐阵列、雷达天线）的过程可以用卷积来表达。

波动的空间传播函数可以用如下形式表达

$$h(x,\ y)=\left(\frac{1}{j\lambda r}\right)^{\frac{1}{2}}\mathrm{e}^{\frac{j2\pi r}{\lambda}} \tag{3-4}$$

式中，$r=(x^2+y^2)^{\frac{1}{2}}$；$\lambda$ 是波长；j 是虚数单位。这里只提供了二维空间波动传播函数的表达形式，以满足示意图的需要。如果读者对这种表达形式一时感到困惑，不必过于在意，需要明确的只有一点：从目标传播到接收孔径的过程是一个有规律的函数，可以解析地表达出来。另外，在三维和一维空间里，也有类似的波动传播表达式，读者可查阅相关文献。

为了详细、直观地表达，目标上从左到右紧邻的点向接收孔径发射声波（这里用声波代表任意可能形式的波动）后，在接收孔径上接收到的叠加波动状态遵循一个什么样的表达式，先将图 3-9 中目标上紧邻的点离散化，重新表达如图 3-10 所示。

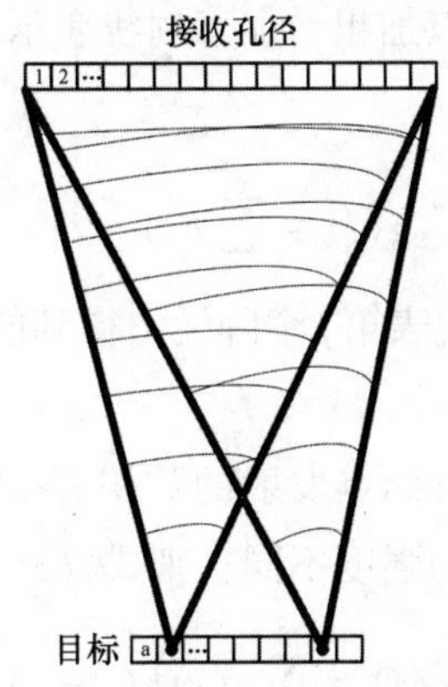

图 3-10　将目标离散化示意图

图 3-10 中，将接收孔径上 16 个阵元接收到的数据和目标上每个离散点提供的情况用表 3-1 表达出来。

表 3-1　目标上离散点发射声波在接收孔径上接收到的数据情况

累加		**4.5**	**5.4**	**6.3**	**7.2**	**7.9**	**8.4**	**8.7**	**8.8**	**8.7**	**8.4**	**7.9**	**7.2**	**6.3**	**5.4**	**4.5**	**3.6**
阵元		1	2	3	4	5	6	7	8	9	10	11	12	13	14	15	16
目标	*a*	**0.9**	**1.0**	**1.1**	**1.2**	**1.1**	**1.0**	**0.9**	**0.8**	**0.7**	**0.6**	**0.5**	**0.4**	**0.3**	**0.2**	**0.1**	**0**
	b	0.8	0.9	1.0	1.1	1.2	1.1	1.0	0.9	0.8	0.7	0.6	0.5	0.4	0.3	0.2	0.1
	c	0.7	0.8	0.9	1.0	1.1	1.2	1.1	1.0	0.9	0.8	0.7	0.6	0.5	0.4	0.3	0.2
	d	0.6	0.7	0.8	0.9	1.0	1.1	1.2	1.1	1.0	0.9	0.8	0.7	0.6	0.5	0.4	0.3
	e	0.5	0.6	0.7	0.8	0.9	1.0	1.1	1.2	1.1	1.0	0.9	0.8	0.7	0.6	0.5	0.4
	f	0.4	0.5	0.6	0.7	0.8	0.9	1.0	1.1	1.2	1.1	1.0	0.9	0.8	0.7	0.6	0.5
	g	0.3	0.4	0.5	0.6	0.7	0.8	0.9	1.0	1.1	1.2	1.1	1.0	0.9	0.8	0.7	0.6
	h	0.2	0.3	0.4	0.5	0.6	0.7	0.8	0.9	1.0	1.1	1.2	1.1	1.0	0.9	0.8	0.7
	i	0.1	0.2	0.3	0.4	0.5	0.6	0.7	0.8	0.9	1.0	1.1	1.2	1.1	1.0	0.9	0.8

注：表中数据并不代表真实数据，只是为说明卷积关系而杜撰的数据。

表3-1中，列头“阵元”一行代表接收孔径上的每个阵元接收到的数据，以自然数1，2，…，16表示；行头“目标”代表目标点发射的数据，以 a，b，…，i 表示，其中 a 行数据加粗、加下划线，表示是标准数据 $h(n)$，$n=\cdots$，-1，0，1，…；其他行数据以其为标准进行移动 $h(n-i)$，$i=0$，…，8，意为目标上有9个点能发射声波，即 a，b，…，i 的个数；“累加”一行代表每个阵元接收到所有目标点发来的数据累加和，在表中以加粗、加下划线表示。

经过分析，可以得到

$$g(j)=\sum_{i=0}^{8}h(j-i) \tag{3-5}$$

式中，j 代表第 j 个阵元；$g(j)$ 代表第 j 个阵元上得到的来自所有目标点所发射声波数据的累加和。

如果 a，b，…，i 每一个目标点发射的数据有一定的权重 $s(i)$，$i=0$，…，8，比如可代表每个目标散射声波的强度不同，则式（3-5）可重新表达如下

$$g(j)=\sum_{i=0}^{8}s(i)h(j-i) \tag{3-6}$$

这是一个卷积表达式，可表示为

$$g(j)=s(j)h(j) \tag{3-7}$$

式中，$s(j)$ 代表目标点（即能反射或散射声波的点）的分布情况；$h(j)$ 代表每一个目标点发出的声波在接收阵列上得到的数据；$g(j)$ 表示每个接收阵元得到的来自所有目标点的数据累加和。

通过这个例子，不难发现一般化波动成像模型目标（物）分布和接收孔径处数据分布之间的关系

$$g(x,\ y)=s(x,\ y)h(x,\ y,\ z_0) \tag{3-8}$$

式中，将例子中的一维图像（传播距离方向，应该是二维问题），扩展到了二维图像（如果考虑传播方向，就变成了三维问题），其中 z_0 是一个定值，代表目标和接收孔径之间的距离。

这里有必要提醒读者，表3-1中的数据方阵，实际上就是式（3-3）中矩阵 $\boldsymbol{A}$ 的转置 $\boldsymbol{A}^T$。细心的读者会发现，这里的矩阵 $\boldsymbol{A}$ 并不总是方阵，长方阵情况下（也即表3-1中所示情况），如何求解该方程组呢？这涉及广义逆矩阵的知识，读者可查阅相关文献进一步学习。

3.5 波动成像模型的分析与求解

上一节中提到：波动从物面（目标）传播到接收孔径（声呐阵列、雷达天线）的过程可以用卷积来表达。对于有一定数学基础的读者，对卷积的概念应该并不陌

生，一般在信号与线性系统课程中会接触到卷积的概念与性质。下面请读者思考一个问题：既然可以用卷积这个数学工具表达波动成像问题，那么线性系统相关理论是否可以应用在成像领域呢？如果是，相关线性系统的分析方法就可以解决很多备受关心的成像问题，比如分辨率问题。

信号与线性系统课程其实一直在讨论线性时不变系统理论，在成像问题上，一般不考虑时间问题，都是空间问题，所以下面就成像问题中涉及的线性空不变系统理论向读者做详细介绍。

3.5.1　线性空不变系统理论

1）空不变系统理论简述

首先阐述空变和空不变的思想。空不变系统理论基于一个核心的思想，即系统输入发生延迟或提前，将会在输出上产生等大的延迟或提前。这个延迟或提前可以是时间上的，也可以是空间上的。换句话说，如果定义 $y(s)$ 是 $x(s)$ 的输出，那么如果输入变成 $x(s-\zeta)$ 的话，输出将变成 $y(s-\zeta)$ ，这里 ζ 是一个常量。

为了对比理解，举个时变系统的例子。如果交通系统是一个线性时不变系统，那么早上上班晚出发 10 分钟的话，就应该晚到工作单位 10 分钟；但是，很多时候晚出发 10 分钟，很有可能赶上交通早高峰，这样就可能晚 30 分钟到达工作单位，此时交通系统就不能简单地认为是时不变的。

再举个空变系统的例子，比如光线从玻璃射向空气，如果入射角度是 0 的话，出射角度也是 0，如果入射角度从 0 变为 θ_i，那么出射角度将从 0 变为 θ_o，显然由折射定律可知，$\theta_i \neq \theta_o$ ，如图 3-11 所示。

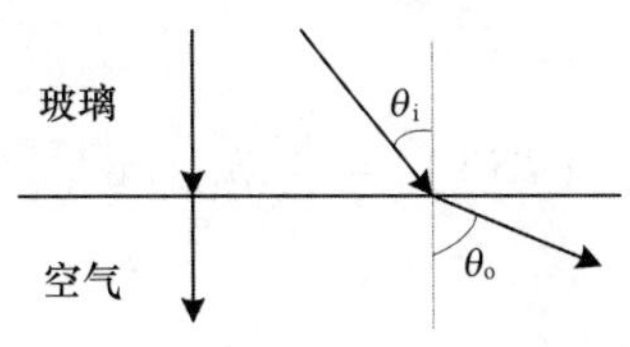

图 3-11　一个空变系统示例

下面用严格的数学语言介绍空不变系统。

构建一个集合 X ，它的元素形如 $x=(\cdots, x_{-1}, x_0, x_1, \cdots)\in X$ ，显然，这类元素是一个序列。这个集合对其中的序列的要求是：任一元素 $x=(x_n)$ 的平移 $y=(y_n=x_{n+N})$ 仍然在这个集合当中。集合 X 的所有元素都可以被认为是某个离散系统的输入和输出，也就是说，这个离散系统（可能是一个差分方程）的输入和输出都是序列。

构建一个定义在上述集合 X 上的平移算子 S_r：$X \to X$ ，使其满足

$$(\cdots, y_{-1}, y_0, y_1, \cdots) = S_r(\cdots, x_{-1}, x_0, x_1, \cdots) \tag{3-9}$$

这里，$y_k = x_{k-1}$，$k = \cdots, -1, 0, 1, \cdots$

上述平移算子的复合，可表达为

$$S_r^n = S_r S_r S_r \cdots S_r \tag{3-10}$$

特别的，$S_r^0 = I$ 是恒等算子，它的作用是不对系统的输入元素做任何改变。

根据以上铺垫，下面给出离散形式空不变系统的严格定义。

如果算子 T：$X \to X$ 满足

$$S_r^n T = T S_r^n \tag{3-11}$$

对所有的整数 n 都成立，则称 T：$X \to X$ 是空不变的。当然时不变系统也遵循同样的定义。

为了方便判断一个系统或算子是不是空不变的，下面给出一个判定定理：

算子 T：$X \to X$ 是空不变的，当且仅当

$$S_r T = T S_r \tag{3-12}$$

对这个定理的证明，可以根据空不变系统的定义直接得证，请读者自行证明。

例 3-1　令算子 T：$X \to X$ 具体表达如下

$$(Tx)_k = \sum_{j=-\infty}^{\infty} h_{(k-j)} x_j, \quad k = \cdots, -1, 0, 1, \cdots \tag{3-13}$$

求证：算子 T：$X \to X$ 是空不变的。

证明：Tx 的具体形式为

$$Tx = (\cdots, (Tx)_k, (Tx)_{k+1}, \cdots, (Tx)_{j-1}, (Tx)_j, \cdots) \tag{3-14}$$

h 的形式如下，

$$h = (\cdots, h_{-1}, h_0, h_1, \cdots) \tag{3-15}$$

则

$$(TS_r x)_k = \sum_{j=-\infty}^{\infty} h_{(k-j)} x_{j-1} \tag{3-16}$$

且

$$(S_r T x)_k = \sum_{j=-\infty}^{\infty} h_{k-(1-j)} x_j \tag{3-17}$$

令 $j = i - 1$，可以得到式（3-16）和式（3-17）是相等的，即 $S_r T = T S_r$ 。所以，算子 T：$X \to X$ 是空不变的。

通过例 3-1 的学习，读者可以明确式（3-7）利用离散形式的卷积表达的成像模型是空不变的。

虽然关于离散形式的空不变系统理论的介绍已经能够支撑成像问题的描述，特别是对于实际计算（必然是离散的）也很适用，但为了方便对成像模型特性的分析，这里有必要进一步对连续形式的空不变系统理论进行简单介绍。

与离散形式类似，构建集合 Z，它的元素都是定义在实数ℝ上的函数，且有性质：如果 $x(s) \in Z$，那么 $y(s)=x(s+\zeta) \in Z$，这里 ζ 是常数。构建算子 S_ζ 满足

$$(S_\zeta x)(s)=x(s+\zeta),\ s \in \mathbb{R} \tag{3-18}$$

称为位移算子，显然它是用来表达连续位移的算子。

直接将离散形式的空不变系统定义和判定定理结合在一起，给出连续形式的空不变系统定义。

如果算子 $T: Z \to Z$ 满足

$$S_\zeta T = TS_\zeta \tag{3-19}$$

对任何 $\zeta \in \mathbb{R}$ 都满足，则称 $T: Z \to Z$ 为空不变的，显然这是连续形式的表达。对于时不变系统也遵循同样的定义。

例 3-2　令算子 $T: Z \to Z$ 具体表达如下

$$(Tx)(s)=\int_{-\infty}^{\infty} h(s-\zeta)x(\zeta)\mathrm{d}\zeta \tag{3-20}$$

求证：算子 $T: Z \to Z$ 是空不变的。

证明：先写出 TS_ζ 的表达式

$$TS_{\zeta_1}x(s)=\int_{-\infty}^{\infty} h(s-\zeta)x(\zeta+\zeta_1)\mathrm{d}\zeta \tag{3-21}$$

再写出 $S_\zeta T$ 的表达式

$$S_{\zeta_1}Tx(s)=\int_{-\infty}^{\infty} h(s+\zeta_1-\zeta)x(\zeta)\mathrm{d}\zeta \tag{3-22}$$

容易判断，做一个简单的变量代换 $\zeta=\varphi+\zeta_1$，可以得到 $TS_{\zeta_1}=S_{\zeta_1}T$，对于任意 ζ_1 都成立。于是，$T: Z \to Z$ 是空不变的。

2）线性结构简述

在空不变系统中附加一种代数结构——线性结构，将使系统的性质变得直观和更易运算。下面就线性结构的数学定义以及定义在线性结构基础上的线性算子进行简述，以使读者能对成像问题的认识达到理论高度，并能与已有的知识结构进行融合。

下面先给出线性空间的定义：构建在数域（一般指实数域ℝ或复数域ℂ）上的线性空间是一个非空集合 X，且应满足集合中元素加和数乘的封闭性，也即：

（1）定义 x_1+x_2 为 $X \times X \to X$ 的映射，记为加；

（2）定义 αx 为 $F \times X \to X$ 的映射，记为数乘。

对加和数乘还应满足以下条件：

(3) 对于所有 x_1, $x_2 \in X$, $x_1 + x_2 = x_2 + x_1$;

(4) 对于所有 x_1, x_2, $x_3 \in X$, 满足 $(x_1 + x_2) + x_3 = x_1 + (x_2 + x_3)$;

(5) 存在唯一元素 $0 \in X$, 对任意的 $x \in X$, 满足 $0 + x = x$;

(6) 对任意的 $x \in X$, 存在一个 $-x \in X$, 满足 $x + (-x) = 0$;

(7) 对任意的 $\alpha, \beta \in F$ 和 $x \in X$, 满足 $\alpha(\beta x) = (\alpha\beta)x$;

(8) 对任意的 $x \in X$, 满足 $1x = x$;

(9) 对任意的 $x \in X$, 满足 $0x = 0$。

利用上述性质，可推导出如下两条性质：

(10) 对于所有 x_1, $x_2 \in X$ 和 $\alpha \in F$, 满足 $\alpha(x_1 + x_2) = \alpha x_1 + \alpha x_2$;

(11) 对于所有 $\alpha, \beta \in F$ 和 $x \in X$, 满足 $(\alpha + \beta)x = \alpha x + \beta x$ 。

能够满足以上条件的非空集合称为线性空间。

在此不加证明地给出，实际应用中，人们关心的图像所构成的集合，都满足以上条件，所以图像集合也是线性空间，可以表达为连续函数构成的空间。也就是说，上述定义中使用的 $x \in X$ 本身就可以代表一个图像，而图像可以用一个函数（一般来说是二维或三维函数）来表达。

下面给出线性变换的定义：线性变换 L 是使用同一个数域，将线性空间映射进线性空间的一种变换，它必须同时保持映射的线性性，即

(1) 对所有 $\alpha \in F$ 和 $x \in X$, 满足 $L(\alpha x) = \alpha L(x)$;

(2) 对所有 x_1, $x_2 \in X$, 满足 $L(x_1 + x_2) = L(x_1) + L(x_2)$ 。

例 3-3　求证：如下形式的卷积

$$(Tx)(s) = \int_{-\infty}^{\infty} h(s - \zeta)x(\zeta)\mathrm{d}\zeta \tag{3-23}$$

是线性变换。

证明：首先构建 $(T\alpha x)(s) = \alpha(Tx)(s)$,

$$(T\alpha x)(s) = \int_{-\infty}^{\infty} h(s - \zeta)\alpha x(\zeta)\mathrm{d}\zeta = \alpha\int_{-\infty}^{\infty} h(s - \zeta)x(\zeta)\mathrm{d}\zeta = \alpha(Tx)(s) \tag{3-24}$$

然后，构建 $[T(x_1 + x_2)](s) = (Tx_1)(s) + (Tx_2)(s)$,

$$\begin{aligned}[T(x_1 + x_2)](s) &= \int_{-\infty}^{\infty} h(s - \zeta)[x_1(\zeta) + x_2(\zeta)]\mathrm{d}\zeta \\ &= \int_{-\infty}^{\infty} h(s - \zeta)x_1(\zeta)\mathrm{d}\zeta + \int_{-\infty}^{\infty} h(s - \zeta)x_2(\zeta)\mathrm{d}\zeta \\ &= (Tx_1)(s) + (Tx_2)(s)\end{aligned} \tag{3-25}$$

所以，卷积 $(Tx)(s) = \int_{-\infty}^{\infty} h(s - \zeta)x(\zeta)\mathrm{d}\zeta$ 是线性变换。

至此，通过对上述空不变系统和线性结构的学习，目前明确卷积运算就是线性空不变的，而波动成像模型核心就是卷积所代表的积分方程。所以，到目前为止，为波动成像模型找到了属于它的数学表达，并介绍了波动成像模型的基本性质。

3.5.2 波动成像模型的求解方法

为了方便本节的学习，将表达波动成像模型的卷积形式重新表示如下

$$g(x, y) = \int_{-\infty}^{\infty} s(\chi, \xi) h(x - \chi, y - \xi, z_0) \mathrm{d}\chi \mathrm{d}\xi \tag{3-26}$$

这是二维图像的表达形式。为了方便以后学习，可以直接用一维图像进行示例

$$g(x) = \int_{-\infty}^{\infty} s(\chi) h(x - \chi, y_0) \mathrm{d}\chi \tag{3-27}$$

式中，$s(x)$ 是待求图像；$g(x)$ 是声呐等仪器设备在接收孔径处接收到的数据；$h(x, y)$ 是物点和像点之间波动的传播规律函数。利用学习过的关于线性空不变系统的知识，知 $h(x, y)$ 是该系统的冲击响应函数，其物理意义是当只在图像 $s(x)$ 的原点处有一个目标点散射回波的话，接收孔径接收到的数据就是 $h(x, y)$ ，这是在波动成像模型中对系统冲击响应的物理解释。

回顾卷积定理：若 $f_1(x) \leftrightarrow F_1(\omega)$ ，$f_2(x) \leftrightarrow F_2(\omega)$ ，则有 $f_1(x) * f_2(x) \leftrightarrow F_1(\omega) F_2(\omega)$，这里“↔”表示傅里叶变换。

那么所关注的波动模型求解问题变成：已知 $g(x) = s(x) * h(x, y_0)$ 表达式中 $g(x)$ 和 $h(x, y_0)$ ，求 $s(x)$ 。按照卷积定理，一条比较直观的解决路径是分别求得 $g(x)$ 和 $h(x, y_0)$ 的傅里叶变换 $G(\omega)$ 和 $H(\omega, y_0)$ ，这样可以先得到待求 $s(x)$ 的傅里叶变换 $S(f_x)$ 如下

$$S(f_x) = G(\omega) H^{-1}(f_x, y_0) \tag{3-28}$$

再求 $S(f_x)$ 逆傅里叶变换，即可得到 $s(x)$ 。

在这条解决路径上，目前唯一的问题是如何得到 $H^{-1}(\omega, y_0)$ 。将 $h(x, y)$ 的表达式重新表示如下

$$h(x, y) = \left(\frac{1}{j\lambda r}\right)^{\frac{1}{2}} \mathrm{e}^{\frac{j2\pi r}{\lambda}} \tag{3-4}$$

式中，$r = (x^2 + y^2)^{\frac{1}{2}}$ 。

所以，问题变成求解式（3-4）的傅里叶变换。目前，这个过程还比较烦琐，这里尽量从简洁易懂直观的角度为读者分析求解。

1）空间频率的物理解释

一个平面波的波动形式如下

$$g(x,\ y) = Ae^{j2\pi\left(\frac{\sin\theta}{\lambda}\right)x}e^{j2\pi\left(\frac{\cos\theta}{\lambda}\right)y}$$
$$= Ae^{j2\pi\left[\left(\frac{\sin\theta}{\lambda}\right)x+\left(\frac{\cos\theta}{\lambda}\right)y\right]} \tag{3-29}$$

不难发现，这个平面波的空间频率可以表达为向量

$$(f_x,\ f_y) = \left(\frac{\sin\theta}{\lambda},\ \frac{\cos\theta}{\lambda}\right) \tag{3-30}$$

它有一个非常直观的特性

$$f_x^2 + f_y^2 = \left(\frac{\sin\theta}{\lambda}\right)^2 + \left(\frac{\cos\theta}{\lambda}\right)^2 = \frac{1}{\lambda^2} \tag{3-31}$$

式（3-29）所表达的平面波，在空间坐标系里应如图 3-12 所示。

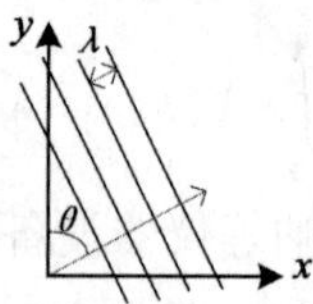

图 3-12　与式（3-29）对应的平面波示意图

而在空间频率坐标系里，空间频率向量 $\left(\frac{\sin\theta}{\lambda},\ \frac{\cos\theta}{\lambda}\right)$ 只代表一个点，如图 3-13 所示。

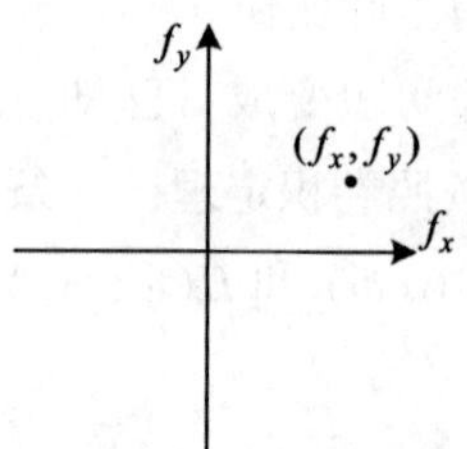

图 3-13　与图 3-12 对应的空间频谱

2）球面波频谱的物理解释

基于以上分析，如果考虑到波动是一个点源发射的球面波，在二维情况下表达如图 3-14 所示。

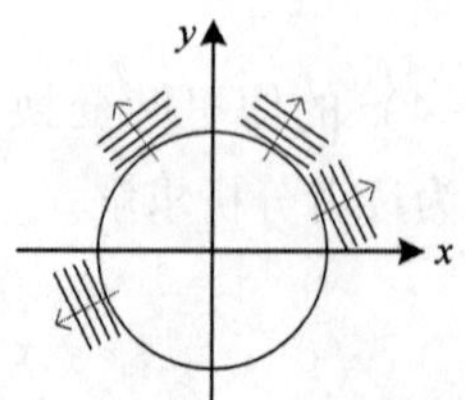

图 3-14　点源发射的二维球面波示意图

从图 3-14 可以看出，一个球面波可以看作是无穷多个平面波合成的，所以球面波的频谱应该在图 3-13 的基础上变成一个圆，如图 3-15 所示。

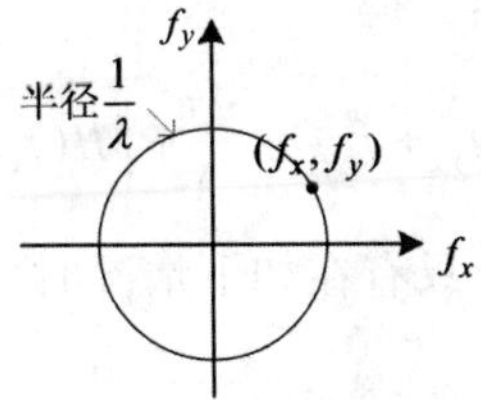

图 3-15　二维球面波对应的频谱

至此，通过物理分析的方法，得到二维球面波对应的频谱，显然三维球面波对应的频谱应该也是一个球面。通过以上分析，可以得到如图 3-16 所示的对应关系，图中只给出二维示意，三维也是相似的表达，这里不再赘述。

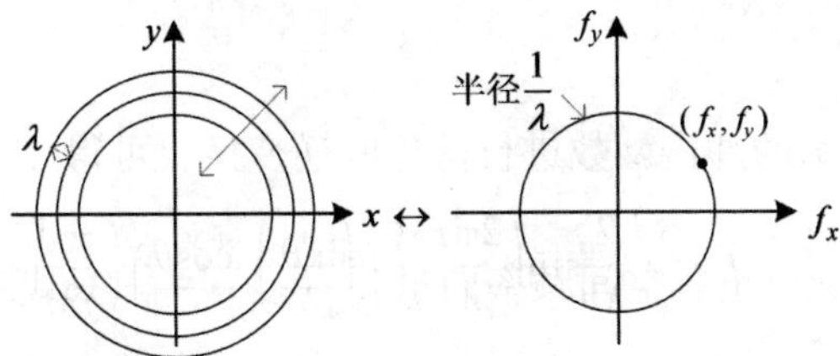

图 3-16　空间二维球面波与其频谱的对应关系

从图 3-16 中可以看出，空间二维球面波的传播方向可以是两个方向，它们对应的频谱都是一样的。如果用公式推导的方式也可以得到这个结论，下面用公式推导的方法得出该结论。

3）球面波频谱的数学推导

推导该公式需要引入亥姆霍兹方程，时空场里只有一个点源释放三维球面波的话，应用亥姆霍兹方程，可表达为

$$(\nabla^2 + k^2)h(x, y, z) = \delta(x, y, z) \qquad (3-32)$$

式（3-32）表达的是在原点（0，0，0）处有一个点源释放波动，这个波动的空间表达就是 $h(x, y, z)$，它们满足式（3-32），这里 $k = \frac{2\pi}{\lambda}$。

不考虑源点处的波动，则式（3-32）改写为

$$(\nabla^2 + k^2)h(x, y, z) = 0 \qquad (3-33)$$

这里 $\nabla^2 = \frac{\partial^2}{\partial x^2} + \frac{\partial^2}{\partial y^2} + \frac{\partial^2}{\partial z^2}$。考虑到在傅里叶变换中有如下关系

$$\frac{\partial}{\partial x}\leftrightarrow j2\pi f_x \tag{3-34}$$

对式（3-33）两边作傅里叶变换，得

$$\left[-4\pi^2(f_x^2+f_y^2+f_z^2)+\frac{4\pi^2}{\lambda^2}\right]H(f_x,\ f_y,\ f_z)=0 \tag{3-35}$$

通过分析可知，式（3-35）只有在如下情况时才能成立

$$f_x^2+f_y^2+f_z^2=\frac{1}{\lambda^2} \tag{3-36}$$

这个结论和根据物理意义分析出的结论一致，即点源释放波动的频谱是一个球，在二维上是一个圆。

式（3-36）所示的在空间频率上的数量关系可重新表达如下

$$H(f_x,\ f_y,\ f_z)=\delta\left(|f|-\frac{1}{\lambda}\right) \tag{3-37}$$

式中，δ 是冲击函数。

对式（3-37）所示的冲击函数进行傅里叶逆变换，可得

$$H(f_x,\ f_y,\ f_z)\leftrightarrow\frac{2}{\lambda r}\sin\left(\frac{2\pi r}{\lambda}\right)=\left(\frac{1}{j\lambda r}\right)e^{\frac{j2\pi r}{\lambda}}+\left(\frac{-1}{j\lambda r}\right)e^{\frac{-j2\pi r}{\lambda}} \tag{3-38}$$

二维的情况，可得

$$H(f_x,\ f_y)\leftrightarrow\frac{2}{\lambda r}J_0\left(\frac{2\pi r}{\lambda}\right)=\left(\frac{1}{j\lambda r}\right)^{\frac{1}{2}}e^{\frac{j2\pi r}{\lambda}}+\left(\frac{-1}{j\lambda r}\right)^{\frac{1}{2}}e^{\frac{-j2\pi r}{\lambda}} \tag{3-39}$$

一维的情况，可得

$$H(f_x)\leftrightarrow 2\cos\left(\frac{2\pi x}{\lambda}\right)=e^{\frac{j2\pi x}{\lambda}}+e^{\frac{-j2\pi x}{\lambda}} \tag{3-40}$$

可以看出，式（3-38）至式（3-40）的结果都是 $h+h^*$ 的形式，这里 * 表示共轭，因为对于三维、二维和一维的情况，点源波动的表达形式分别是

$$h(x,\ y,\ z)=\left(\frac{1}{j\lambda r}\right)e^{\frac{j2\pi r}{\lambda}} \tag{3-41}$$

$$h(x,\ y)=\left(\frac{1}{j\lambda r}\right)^{\frac{1}{2}}e^{\frac{j2\pi r}{\lambda}} \tag{3-4}$$

$$h(x)=e^{\frac{j2\pi x}{\lambda}} \tag{3-42}$$

以上公式推导结论也呼应了通过物理分析方法得到的结论，即：点源发出的波动的空间频谱是一个三维、二维或一维球面，它们对应两个方向传播的波动情况。

4）逆向传播求解原理

由上述推导易知，式（3-41）中固定 $z=z_0$，式（3-4）固定 $y=y_0$，就很直观

地表达了二维和一维成像系统的点源波动情况，其实就是成像系统的冲击响应。此处应注意有降维的操作，原三维波动情况表达式固定一个维度后，变成二维的成像问题，原二维波动情况表达式固定一个维度后，变成一维的成像问题。

回到式（3-28），重新表示如下

$$S(f_x) = G(\omega)H^{-1}(f_x, y_0) \tag{3-28}$$

在式（3-28）中，关注的是 $H^{-1}(f_x, y_0)$。根据以上的铺垫，首先来推导表达式 $H(f_x, y)$，相当于只对 $H(f_x, f_y)$ 的 y 维度进行傅里叶逆变换。利用式（3-40），有

$$H(f_y) \leftrightarrow e^{\frac{j2\pi y}{\lambda}} + e^{\frac{-j2\pi y}{\lambda}} \tag{3-43}$$

因为，实际声呐或雷达等成像模型中，只有一个方向的波动可用，所以可以只保留一个方向，如下

$$H(f_y) \leftrightarrow h(y) = e^{j2\pi f_y y} = e^{\frac{j2\pi y}{\lambda}} \tag{3-44}$$

而已知 f_x 和 f_y 之间的约束关系

$$f_x^2 + f_y^2 = \frac{1}{\lambda^2} \tag{3-45}$$

所以，应该将式（3-44）中的空间频率 $\frac{1}{\lambda}$ 调整为 $\left(\frac{1}{\lambda^2} - f_x^2\right)^{\frac{1}{2}}$，则有

$$H(f_x, y) = e^{j2\pi\left(\frac{1}{\lambda^2}-f_x^2\right)^{\frac{1}{2}}y} \tag{3-46}$$

如此，即可得到

$$H(f_x, y_0) = e^{j2\pi\left(\frac{1}{\lambda^2}-f_x^2\right)^{\frac{1}{2}}y_0} \tag{3-47}$$

以上过程也可直接表达为只对 $H(f_x, f_y)$ 的 y 维度进行傅里叶逆变换，如下

$$H(f_x, f_y) = \delta\left\{f_y - \left(\frac{1}{\lambda^2} - f_x^2\right)^{\frac{1}{2}}\right\} \stackrel{y}{\leftrightarrow} H(f_x, y) = e^{j2\pi\left(\frac{1}{\lambda^2}-f_x^2\right)^{\frac{1}{2}}y} \tag{3-48}$$

相当于利用了傅里叶变换中的平移定理，直接得到结果。

至此，得到了 $H(f_x, y_0)$ 的表达式。下面给出 $H^{-1}(f_x, y_0)$ 的表达式，不难发现，从式（3-47）的形式可以直接给出，

$$H^{-1}(f_x, y_0) = e^{-j2\pi\left(\frac{1}{\lambda^2}-f_x^2\right)^{\frac{1}{2}}y_0} = H^*(f_x, y_0) \tag{3-49}$$

注意，这里有一个非常好的“巧合”，倒数和共轭对指数函数来说是一样的。

显然，

$$H^*(f_x, f_y) \leftrightarrow h^*(-x, -y) = h^*(x, y) = \left(\frac{-1}{j\lambda r}\right)^{\frac{1}{2}} e^{\frac{-j2\pi r}{\lambda}} \tag{3-50}$$

和

$$H^{-1}(f_x,\ y_0) = H^*(f_x,\ y_0) \leftrightarrow h^*(-x,\ -y_0) = h^*(x,\ y_0) = \left(\frac{-1}{j\lambda r}\right)^{\frac{1}{2}} e^{\frac{-j2\pi r}{\lambda}} \tag{3-51}$$

这里，$r = (x^2 + y_0^2)^{\frac{1}{2}}$。

所以，根据卷积定义，式（3-28）的解算表达式可直接表达如下

$$s(x) = g(x) * h^*(x,\ y_0) \tag{3-52}$$

这就是经典的逆向传播图像求解原理，物理上的解释就是将接收到的波动数据沿着相反的方向传播回去，就会得到原图像，在光学成像领域中所谓光路可逆也是同一个原理。二维图像的情况如下

$$s(x,\ y) = g(x,\ y) * h^*(x,\ y,\ z_0) \tag{3-53}$$

例 3-4　考虑一个二维成像问题。在三维空间坐标系里，目标图像在 z 方向的 z_0 平面，在 z_0 平面上方的 z_1 平面布置了接收波动数据的孔径，已知接收到的数据为 $g(x,\ y,\ z_1)$，求待测图像的解算表达式。

解：利用式（3-53）的结果进行分析，可知图像被设定在了 $z_0 = 0$ 的平面上。从计算的角度来看，s 和 g 之间的关系应该考虑图像和接收孔径所处的平面，所以应该改写为

$$s(x,\ y,\ z_0) = g(x,\ y,\ z_1) * h^*(x,\ y,\ z_1 - z_0) \tag{3-54}$$

3.6　全息成像模型

3.6.1　全息成像模型的一般描述

全息成像始于光学成像研究，由丹尼斯·伽博尔在 1948 年提出。激光技术问世以后，全息成像技术在科学研究、工业生产等很多领域得到迅猛发展，伽博尔也因此获得 1971 年的诺贝尔物理学奖。本节介绍全息成像模型的主要目的是建立其与波动成像模型的关系，加深对波动成像模型的理解，并理解真三维成像的内涵及其与相位信息的内在关系。

因全息成像始于光学成像研究工作，这里以光波为代表介绍全息成像模型，再引申到其他波动形式，使读者对前面介绍的几何成像模型和波动成像模型有更深的理解，明确全息成像模型只是以获得光波相位信息为直接目的的一种特殊形式的波动成像模型。从成像原理的数学理解来说，全息成像能够在接收一方对相位信息进行捕获，使得真三维成像在数学上得到保证，但全息成像模型本身的实质性原理突破并不令人惊艳。光学全息成像提供了一种很好的技术方法，使得光波可以进入波动成像模型考虑范围，既能保证成像分辨率（光拥有很短的波长），又能实现真三

维成像（这是波动成像模型本身数学原理的直接结论）。

在引入数学公式之前，先对全息成像模型的基本原理和性质特点作一般描述。光波的振幅反映了光波的强弱信息，光波的相位反映了传播的先后，而受限于现有光电材料的响应速度，常用的 CCD 等器件只能感受光的强弱，难以感受光的波动状态，也即相位信息，所以传统光学成像原理都基于几何成像模型，只利用光的强度信息实现成像，3.3 几何成像模型已经对该模型做了详细的描述。简言之，传统几何成像模型只把光波当作只有强度大小的“子弹”来看待，所构建的成像模型也都是几何的。

全息成像的突破在于可以充分利用光的波动性来实现成像，虽然在 3.4 波动成像模型已经对如何利用波动性质成像进行了详细的介绍，但并没有从技术方法层面指出如何获得波动的相位信息。对于光波来说，它的相位信息其实很难获得，刚才也提过，目前的光电器件响应速度不足以响应一个光波振动周期尺度内的波动状态情况，所以从这个层面考虑，在光波波段范围内应用波动成像模型是不现实的。但是全息模型实现了此目标，这就是它的突破点，这是技术方法层面的突破，并不是成像原理的突破，但已经足够值得诺贝尔物理学奖的青睐。

全息成像是怎么做到获得相位信息的呢？它利用了参考光与反映目标物图像的物光的相干特性，把物光的相位信息记录下来，也就是说用相干方式实现了降频，使得一般的光强记录器件能够记录它的相位信息。这些携带有物光相位信息的光强分布被记录下来，称为全息图。再利用相同的相干光重新照射该全息图，就会在出射光里原物相同的位置上重现物的图像，即使此时物已不在。注意这个物可能是三维的，那么所得到的像也是三维的。

三维成像是不是全息成像模型所独有的呢？当然不是，波动成像模型本身也可以实现三维成像，这是由它的数学映射关系所保证的，比如实时改变式（3-53）中的 z_0 参数，得到的就是三维像。从数学映射关系来看，波动成像模型的接收孔径得到的信息，已经可以包含物方所有三维结构散射的回波信息的一部分。这里需要指出，经典的小孔成像模型是不能实现真三维成像的，这个模型只建立了一个物面和一个像面之间的映射关系，物面前后的面原理上都不能映射在像面上，读者可自己回顾图 3-2 小孔成像模型，分析这种面到面的一一映射限制关系。现实生活中的相机能给人以三维深度的感觉，那是景深的问题，这在工程光学、应用光学等课程中都有介绍，这里不赘述。

涉及全息成像的术语简介如下。

伽博尔把全息成像最初称为“光学成像的一种新的两步方法”。第一步：把参考光和物光所形成的干涉条纹记录在全息图上，称记录过程。第二步：在一定条件下照明全息图，称再现过程。这里涉及三个概念：物光、参考光、全息图。物光是指反映被成像目标的光波；参考光是指辅助记录全息图的光波，或用以复现物光的光波；全息图是指所记录的物光和参考光干涉作用所形成的干涉图案，即是全息图。

3.6.2 全息成像模型的数学描述

首先构建物光

$$U_o(x,\ y)e^{j\varphi(x,\ y)}e^{-j\omega t} \tag{3-55}$$

式中，$U_o(x,\ y)$ 是物光的振幅；$e^{j\varphi(x,\ y)}$ 是物光的相位；$e^{-j\omega t}$ 是时间维度上的载波。

再构建参考光

$$U_r e^{j2\pi f_{xr}x}e^{-j\omega t} \tag{3-56}$$

式中，U_r 是常量代表参考光的振幅；$e^{j2\pi f_{xr}x}$ 代表沿某个方向的平面波；$f_{xr} = \sin\theta/\lambda$；$e^{-j\omega t}$ 是时间维度上的载波。

上述物光和参考光叠加在一起

$$U(x,\ y) = [U_o(x,\ y)e^{j\varphi(x,\ y)} + U_r e^{j2\pi f_{xr}x}]e^{-j\omega t} \tag{3-57}$$

探测器上得到的光强分布为

$$\begin{aligned} I(x,\ y) = |U(x,\ y)|^2 &= U(x,\ y)U^*(x,\ y) \\ &= U_o^2(x,\ y) + |U_r|^2 \\ &\quad + U_r^* U_o(x,\ y)e^{j\varphi(x,\ y)}e^{-j2\pi f_{xr}x} \\ &\quad + U_r U_o(x,\ y)e^{-j\varphi(x,\ y)}e^{j2\pi f_{xr}x} \end{aligned} \tag{3-58}$$

此光强分布再用参考光解调，

$$\begin{aligned} U_o(x,\ y) &= I(x,\ y)U_r e^{j2\pi f_{xr}x}e^{-j\omega t} \\ &= [U_o^2(x,\ y) + |U_r|^2]U_r e^{j2\pi f_{xr}x}e^{-j\omega t} \\ &\quad + |U_r|^2 U_o(x,\ y)e^{j\varphi(x,\ y)}e^{-j\omega t} \\ &\quad + U_r^2 U_o(x,\ y)e^{-j\varphi(x,\ y)}e^{j2\pi(2f_{xr})x}e^{-j\omega t} \end{aligned} \tag{3-59}$$

分析式（3-59）的结果可知，第一项 $[U_o^2(x,\ y) + |U_r|^2]U_r e^{j2\pi f_{xr}x}e^{-j\omega t}$ 在原参考光基础上只有强度上的变化，是背景光；第二项 $|U_r|^2 U_o(x,\ y)e^{j\varphi(x,\ y)}e^{-j\omega t}$ 和原物光一致，除了强度有一些变化；第三项是投向另一个方向的原物光的共轭光 $U_r^2 U_o(x,\ y)e^{-j\varphi(x,\ y)}e^{j2\pi(2f_{xr})x}e^{-j\omega t}$，这个方向由空间频率 $2f_{xr}$ 决定。

由以上推导和分析可知，通过利用参考光和物光相干作用的方式能够把物光的所有信息记录下来，再通过相乘参考光对原物光进行解调的方法，可以把物光完全恢复。虽然物已不在，但被物调制过的光场还在，给人以三维还原物体的视觉图像。

事实上，这种相干调制又解调的方法，在通信技术领域屡见不鲜，从数学角度来看，二者没有本质上的区别。

3.6.3 全息成像模型与波动成像模型的关系

以上分析借用了光波，但其成像模型可以应用在任何波动媒介上，比如声波和电磁波。为什么在光学中一定要用全息模型才能充分利用光波的相位呢？究其原因，还是因为光的频率太高，目前光电器件难以响应。换言之，如果对于频率不太高的波动，不一定非得套用全息模型才能充分利用相位信息，比如声波。已有一些研究人员开展声全息的研究，那也是比较有趣的研究方向，不在此赘述。如果有一些技术方法可以不需要引入参考光而直接获得波动的相位信息，那么直接应用波动成像模型就能达到同样的成像效果。所以，笔者认为全息成像模型是一种特殊的波动成像模型，特殊之处就是以相干方式获取波动的相位信息。而理论上，波动成像模型与全息成像模型都可以达到真三维成像，数学和物理上的结论都是一致的，条件只有一个，就是能获取波动的相位信息。

3.7　成像分辨率

分辨率是评价成像的核心指标。早在 1835 年，英国科学家乔治 · B. 爱里就提出了“爱里斑”理论：基于光的衍射特性，即使一个无限小的发光点在通过透镜成像系统后，也会形成一个弥散的图案，称为“爱里斑”。随后在 1873 年，著名的德国科学家恩斯特 · 阿贝基于此原理提出了“阿贝光学衍射极限理论”，经典的衍射极限公式也作为其重要成就刻于其墓碑上

$$d = \frac{\lambda}{2n\sin\frac{\theta}{2}} \tag{3-60}$$

式中，λ 是波长；n 是折射率；在空气中成像时，$n = 1$；θ 是目标点和接收孔径边缘处形成的张角；d 是分辨率。式（3-60）会在后面的推导中给出，这里直接给出以纪念阿贝先生。

一般按这种描述方式定义分辨率：能被分辨出的目标上相邻两点的最小距离，是一个带有单位的量值。但这不足以展示分辨率这个成像指标的全部内涵，下面从几个角度对分辨率的内涵加以阐述。

3.7.1　成像分辨率的空域内涵

传统认知上，图像是能量的分布。对光学成像来说就是被记录下来的光强的空间分布情况，经典分辨率表达式也是在这种认知基础上推导出来并通过实验证明的。这使得对图像分辨率的理解更依赖波动的一个参量——振幅，让空间某一个点的振幅与周围点明显区分开来就是优秀的分辨率指标所要追求的状态。但是，若一个空间区域的所有点都有这种追求的话，就会出现矛盾：当指定一个点的时候，希望它的周围点的振幅都与这个点有明显差别，那么如果再指定它旁边的一个点为关注对

象呢？前面被指定的点还要与这个点有明显区别，如此考虑下去，不可能让所有的非常密集排布的点都与其周围的点明显地在振幅这个维度上区分开。所以分辨率一定会有极限，它与观测待成像目标时所使用的手段有关，比如媒介的波长、接收到的被目标调制后的数据量大小等。

一个点的能量可以用一个“堆积”状曲线表达，当这两个曲线距离足够远时，所对应的两个点即可被区分，当两个曲线靠近到一定程度时，就无法从能量“堆积”情况区分这两个点，这两种状态之间有一个临界状态，就是确定分辨率极限的参考状态。所描述场景如图 3-17 所示。

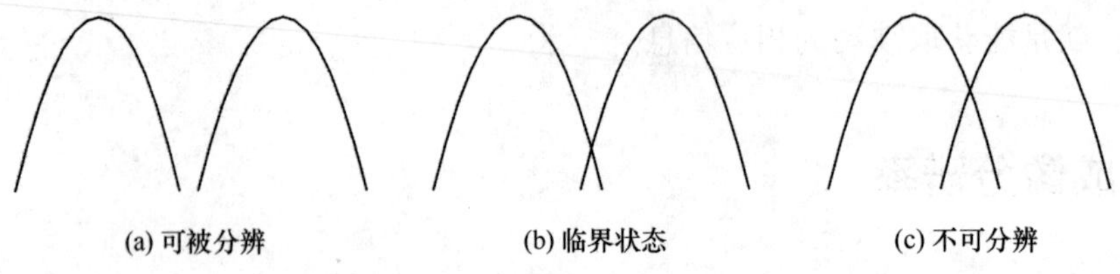

图 3-17　两个能量“堆积”的三种状态示意

所以在空域里，提升分辨率的目标就是在规定的空间尺度内放进更多的能量“堆积”，如图 3- 18 所示，

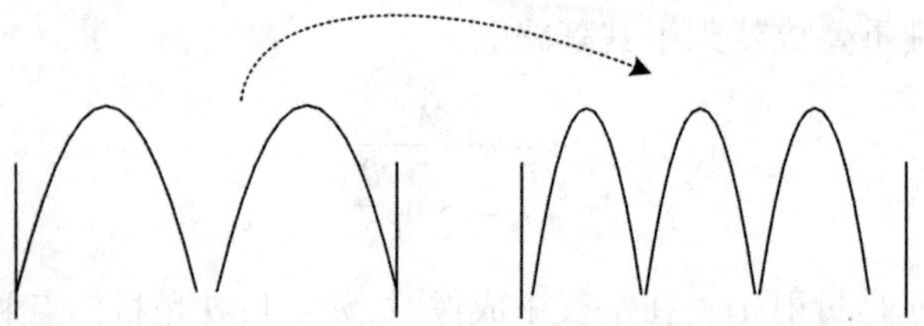

图 3-18　分辨率提升的空域表示

显然，一个能量“堆积”实际就代表目标上的一个被成像的点，得到“占地”更小的能量“堆积”就是提升分辨率的核心思路，这样就可以在有限的空间尺度内“塞”进更多的能量“堆积”。

3.7.2　成像分辨率的频域内涵

上文中提到希望得到更小的能量“堆积”问题，这个问题可以从频域（这里指空间频域）视角进一步认识和理解。

为理解这个问题，引入傅里叶分析方法中的带宽定理：空域中的带宽与对应的频域中的带宽之乘积为等于 1 的恒量，或空域的带宽是对应频域带宽的倒数，如图 3-19 所示。

下面证明该定理。通常，将函数曲线所包围的面积与曲线峰值（曲线的高度）

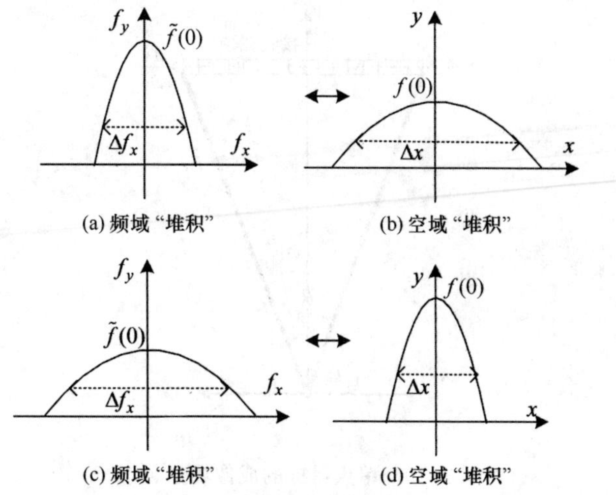

图 3-19　时域和频域典线宽窄的对应关系

之比定义为曲线的宽度，即曲线的宽度 Δx 或 Δf_x 乘以曲线的峰值 $f(0)$ 或 $\tilde{f}(0)$ 等于典型的面积（这是由积分中值定理保证的），如下式

$$\int_{-\infty}^{\infty} f(x)\,\mathrm{d}x = \tilde{f}(0) = f(0)\Delta x \tag{3-61}$$

$$\int_{-\infty}^{\infty} \tilde{f}(x)\,\mathrm{d}x = f(0) = \tilde{f}(0)\Delta f_x \tag{3-62}$$

这里 $\tilde{f}(x)$ 表示 $f(x)$ 的傅里叶变换。合并式（3-61）和式（3-62），得

$$\Delta x \Delta f_x = 1 \tag{3-63}$$

由此可知，如果希望空域的能量“堆积”小，那么频域的能量“堆积”就得大。这也是对宽带要求的内涵。

3.7.3　成像分辨率的傅里叶分析

构建成像场景如图 3-20 所示，把在接收孔径处接收到的目标点源发来的波动情况表达

$$\left(\frac{1}{j\lambda r}\right)\mathrm{e}^{\frac{j2\pi r}{\lambda}} = \left(\frac{1}{j\lambda r}\right)\mathrm{e}^{\frac{j2\pi(x^2+y^2)^{\frac{1}{2}}}{\lambda}}$$

$$\approx \left(\frac{1}{j\lambda y}\right)\mathrm{e}^{\frac{j2\pi(x^2+y^2)^{\frac{1}{2}}}{\lambda}} \tag{3-64}$$

式（3-64）中，在一定的距离上，有 $r=(x^2+y^2)^{\frac{1}{2}} \approx y$，这个参数能代表强度的变化，不影响以下分析。根据对分辨率内涵的理解，应该对接收孔径沿 x 方向上的空

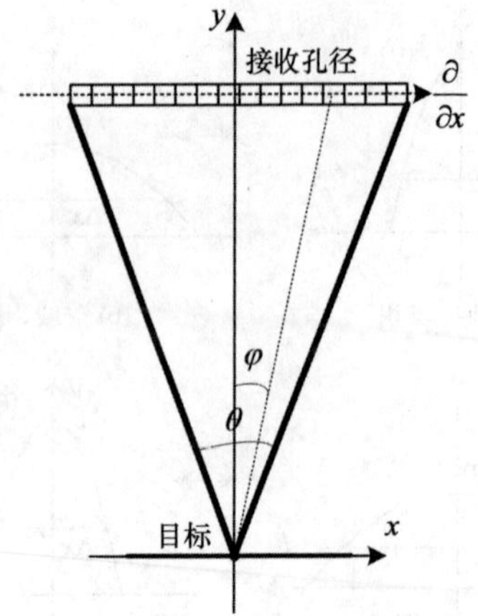

图 3-20 单点目标的成像场景示意

间频率变化情况进行分析，所以应该对相位因子沿 x 求导

$$f_x = \frac{\partial}{\partial x}\left[\frac{(x^2 + y^2)^{\frac{1}{2}}}{\lambda}\right] = \frac{x}{\lambda}(x^2 + y^2)^{-\frac{1}{2}} = \frac{1}{\lambda}\sin\varphi \tag{3-65}$$

这里

$$\varphi = \frac{x}{(x^2 + y^2)^{1/2}} \tag{3-66}$$

在前文中带宽定理的指导下，需要根据式（3-65）找到最大频率和最小频率，并计算出带宽

$$\Delta f_x = f_{\max} - f_{\min} = \frac{1}{\lambda}\sin\frac{\theta}{2} - \left(-\frac{1}{\lambda}\sin\frac{\theta}{2}\right) = \frac{2}{\lambda}\sin\frac{\theta}{2} \tag{3-67}$$

所以，根据带宽定理，知 x 方向的空间分辨率为

$$\Delta x = \frac{1}{\Delta f_x} = \frac{\lambda}{2\sin\frac{\theta}{2}} \tag{3-68}$$

以上推导没有考虑介质本身特性对波长的影响，在光学里为折射率的问题，修正式（3-68）为

$$\Delta x = \frac{1}{\Delta f_x} = \frac{\lambda}{2n\sin\frac{\theta}{2}} \tag{3-69}$$

与阿贝的经典衍射极限公式一致。式中的极限情况，是当 $\theta \to \pm 90°$ 的时候，此时的接收孔径无限长，这种情况下的分辨率为

$$\Delta x = \frac{\lambda}{2} \tag{3-70}$$

这是分辨率的极限，当然是在被动成像模式下的极限，主动成像模式的分辨率会提

升一倍，这部分内容将在后面章节介绍。

以上只是在一个维度上的考虑，实际中二维、三维成像都较为常见，常见的成像分辨率公式可能是

$$\Delta s = \frac{0.61\lambda}{n\sin\dfrac{\theta}{2}} \tag{3-71}$$

这是经典的瑞利判据公式。此公式的推导和一维情况的思路一样，即如果接收孔径是一个圆形二维阵，那么通过将相位因子对平面两个维度求导，得到

$$s(f_x, f_y) = 1, \qquad (f_x^2 + f_y^2)^{\frac{1}{2}} \leqslant \frac{1}{\lambda}\sin\frac{\theta}{2} \tag{3-72}$$

它的频谱是一个圆盘，边界由 $\frac{1}{\lambda}\sin\frac{\theta}{2}$ 限定。对这个圆盘求傅里叶逆变换，可得到空域的能量“堆积”情况，找到这个能量“堆积”的宽度，即是式（3-71）。这里的常数 0.61 或者更熟悉的 1.22 来自傅里叶-贝塞尔变换，因为圆对称的情况必须用贝塞尔函数表达，感兴趣的读者可自行查找相关资料。

3.7.4　主动成像模式下的成像分辨率

1）物理过程分析

这里提到的主动成像模式，是指用已知波动状态的波去“照明”被成像目标，而与之相对的被动成像模式不是说没有“照明”，而是“照明”波的状态不可知，也可能是目标自己会产生波动发射出来。从这个角度讲，主动成像模式下，可掌握的信息量可能更大，因为对发射波的状态也可以掌握，再结合接收波的状态，可能会得到更高的分辨率。下面对主动成像模式下的分辨率问题进行分析。图 3-21 给出了主动成像模式下的物理过程。

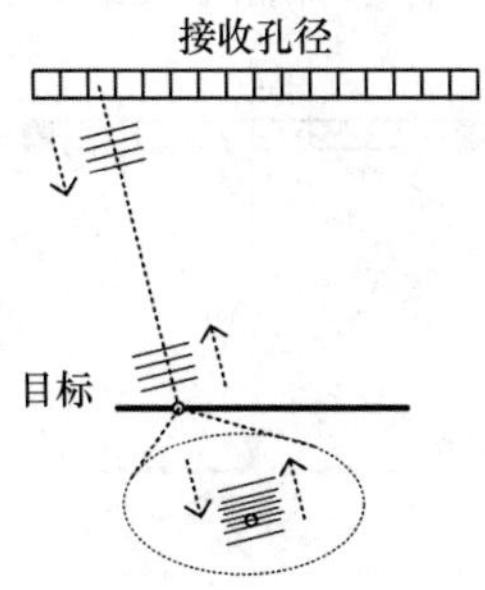

图 3-21　主动成像模式下物理过程

如图 3-21 中，在物理过程上，目标点处会出现正反两个方向传播的波叠加在

一起，出现驻波现象，而驻波的波长是单向波长的一半。相比被动成像模式，在没有主动波参与的情况下，目标点处只有单向传播的波作用，没有波长减半的效果。本例子中波长减半的现象是发生在图 3-21 所示虚线方向上，这和干涉仪的分辨率是 1/2 波长的道理是一样的。但是这里关注的是横向分辨率，也就是图像平面上的分辨率，下面对它进行分析。如图 3-22 所示为接收阵两端为收发一体的主动声呐模型。

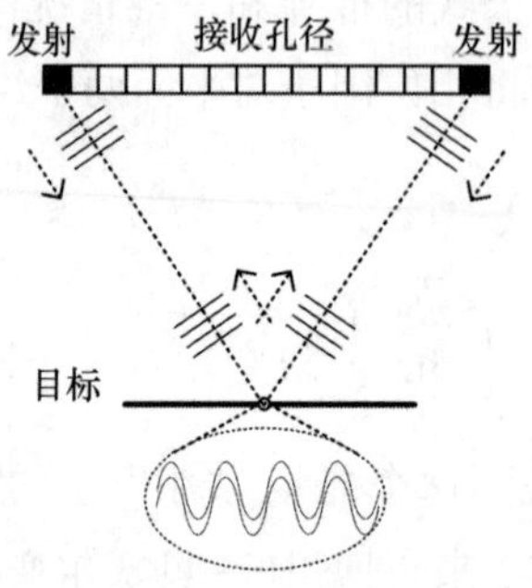

图 3-22 两端为收发一体的主动声呐模型

在图 3-22 中，直观分析可知来自接收阵两端的发射波在目标点上形成传播方向相反的波动，形成波长减半的局部能量“堆积”。而在接收阵趋向无穷的时候，在没有位于两端的发射阵元时，这个“堆积”的宽度为 1/2 波长，式（3-70）已经给出了这个结论，那么在两端存在发射阵元时，相当于在此基础上又形成了一个宽度为 1/2 波长的能量“堆积”。这两个宽度均为 1/2 波长的能量“堆积”在一起是相乘的关系，相当于两个相同正弦函数相乘，周期减半，能量“堆积”的宽度变为 1/4 波长。

2）数学过程推导

在图 3-22 的基础上，建立坐标系如图 3-23 所示。

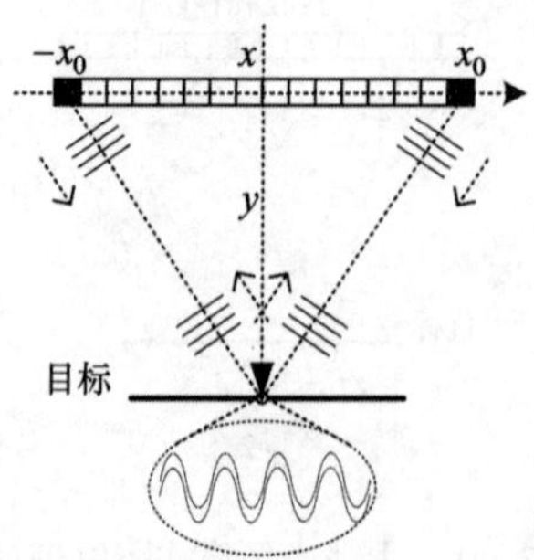

图 3-23 对两端为收发一体的主动声呐模型建立坐标系

从 x_0 端投射下来的波动

$$m_+(x) = \left(\frac{1}{j\lambda r}\right) e^{\frac{j2\pi r}{\lambda}} = \left(\frac{1}{j\lambda r}\right) e^{\frac{j2\pi[(x-x_0)^2+y^2]^{\frac{1}{2}}}{\lambda}}$$

$$\approx \left(\frac{1}{j\lambda y}\right) e^{\frac{j2\pi[(x-x_0)^2+y^2]^{\frac{1}{2}}}{\lambda}} \tag{3-73}$$

对式（3-73）中的相位因子沿 x 求导

$$f_{x\_\ \mathrm{shift}} = \frac{\partial}{\partial x}\left\{\frac{[(x-x_0)^2+y^2]^{\frac{1}{2}}}{\lambda}\right\} = \frac{x-x_0}{\lambda}[(x-x_0)^2+y^2]^{-\frac{1}{2}} = -\frac{1}{\lambda}\sin\varphi \tag{3-74}$$

以 $x=0$ 为中心位置，则

$$f_{x\_\ \mathrm{shift}} = -\frac{1}{\lambda}\sin\frac{\theta}{2} \tag{3-75}$$

这是主动波作用到目标点上的横向空间频率，这里的 θ 和式（3-69）中的 θ 物理意义一样。

主动波的频率量和打到目标点上的散射回波的频率量是相加的关系，实质是回波因主动波的存在而发生了频率移动，等价于对原有的空间频谱进行了搬移，表达为

$$\left(-\frac{1}{\lambda}\sin\frac{\theta}{2}-\frac{1}{\lambda}\sin\frac{\theta}{2},\ \frac{1}{\lambda}\sin\frac{\theta}{2}-\frac{1}{\lambda}\sin\frac{\theta}{2}\right) \tag{3-76}$$

可以看到，一次搬移并没有改变带宽，而另一端的发射阵元对该目标点处的空间频谱又进行了一次反方向搬移

$$\left(-\frac{1}{\lambda}\sin\frac{\theta}{2}+\frac{1}{\lambda}\sin\frac{\theta}{2},\ \frac{1}{\lambda}\sin\frac{\theta}{2}+\frac{1}{\lambda}\sin\frac{\theta}{2}\right) \tag{3-77}$$

两次空间频谱搬移，合在一起的效果相当于将带宽提升一倍，新的带宽为

$$\frac{1}{\lambda}\sin\frac{\theta}{2}+\frac{1}{\lambda}\sin\frac{\theta}{2}-\left(-\frac{1}{\lambda}\sin\frac{\theta}{2}-\frac{1}{\lambda}\sin\frac{\theta}{2}\right)=\frac{4}{\lambda}\sin\frac{\theta}{2} \tag{3-78}$$

所以，主动成像模式下，空间分辨率提升一倍

$$\Delta x = \frac{\lambda}{4\sin\frac{\theta}{2}} \tag{3-79}$$

这个结论和物理过程分析的结果一致。假设接收孔径无限长，则最高空间分辨率可达到

$$\Delta x = \frac{\lambda}{4} \tag{3-80}$$

例 3-5　如果某种成像声呐只有一个发射换能器发射声波进行成像探测，这种

主动成像模式会提高成像分辨率吗？为什么？

答：根据本节介绍的主动成像模型分辨率问题的分析过程易知，单换能器构建的主动成像模型是不能提高成像分辨率的，只能对目标处的空间频谱进行搬移，频谱的一次性单方向搬移并不改变带宽，所以成像分辨率不会提高。

3.8 成像系统的分辨率性能分析

成像系统的模型配置种类繁多，像主动、被动、收发一体、收发分置等，每种成像模型都有典型的仪器应用在不同的成像场景中。在设计成像仪器前，应当对成像模型的性能、可达到的指标做出分析判断，再将涉及的相关声、光、磁、电、机、算等技术合理分解，进行开发。本节向读者介绍基于前几节所述成像原理的成像系统模型分析方法，以期对具体设计工作起到指导作用。

总体来说，分析方法还是基于傅里叶分析，核心思想是用频谱的宽窄去反映成像分辨率的高低。先来看一个简单的例子。

如图 3-24 所示，空域中的成像模式，投射到频域里应该是在频谱圆的一段弧。

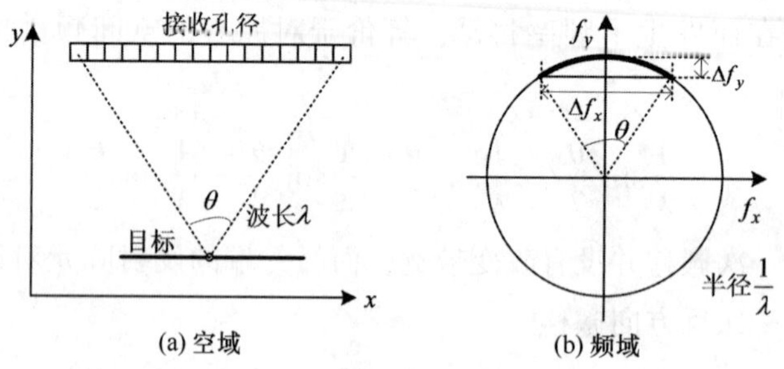

图 3-24　成像模式的空域和频域对比

图 3-24（b）中加粗的圆弧，就是图 3-24（a）中成像模式对应的频谱。首先，验证一下这种对应关系是否正确，按图 3-24（a）的计算结果已经在前面分析过

$$\Delta x = \frac{1}{\Delta f_x} = \frac{\lambda}{2\sin\dfrac{\theta}{2}} \tag{3-68}$$

再来计算图 3-24（b）所示的带宽 Δf_x 的值

$$\Delta f_x = \frac{2\sin\dfrac{\theta}{2}}{\lambda} \tag{3-81}$$

比较式（3-68）和式（3-81），对应关系得到验证。

例 3-6　如果图 3-24 中的成像模式如图 3-25 所示，这种情况目标点的横向分辨率是多少？

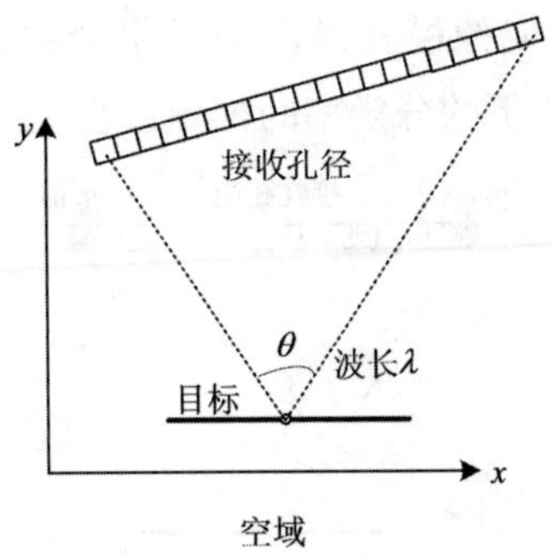

图 3-25　接收孔径倾斜情况

解：答案与式（3-68）一致，没有变化。因为图 3-25 和图 3-24 的频谱图没有变化。

下面分析主动成像模式的频谱情况，如图 3-26 所示。

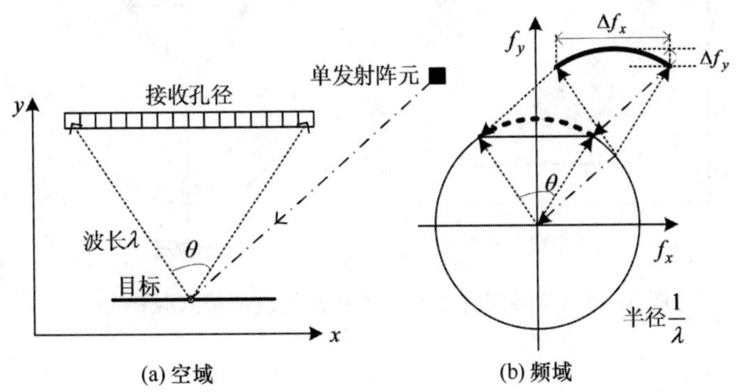

图 3-26　单发射源主动成像模式的频谱分析

由图 3-26 中可知，将发射阵元和目标的连线，也映射到频谱空间，这样在频谱空间的频谱圆上有三条射线去截取和挪动圆弧。回波构建的射线负责截取圆弧（图中虚线所示圆弧），发射波的射线负责挪动圆弧，挪动的原则是分别与回波射线构建平行四边形，其实是回波射线与发射波射线相减。不难得到，搬移后的频谱如加粗圆弧所示。易知，这个圆弧，虽然位置发生挪动，但所限定的带宽没有发生改变，所以成像分辨率没有变化。

例 3-7　试分析如图 3-27 所示主动成像模式的频谱图，并对成像分辨率进行计算。

解：根据对图 3-26 的分析，可得图 3-27 所示成像模式的频谱情况如图 3-28 所示。

不难发现，因为这个成像模式里有两个发射阵元，所以由回波射线截取的频谱圆弧应该被挪动两次，挪动后的整体频谱横向发生了拓宽，变成原来的两倍，而纵向宽度没有变化。所以这种成像模式横向分辨率会提高一倍，其计算过程可参考3.7.4节中关于主动成像模式下的分辨率的推导过程及结论。

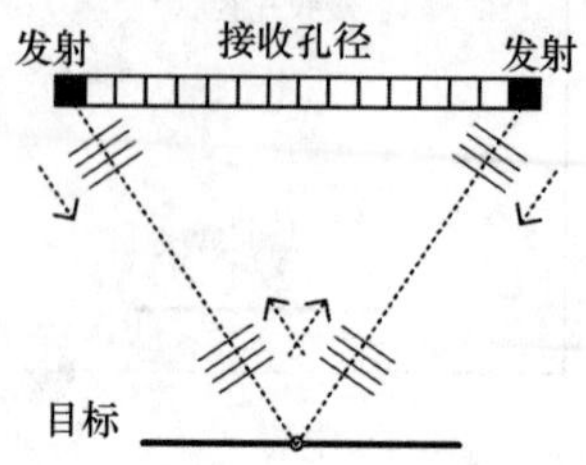

图3-27　两端配有收发一体阵元的成像模式

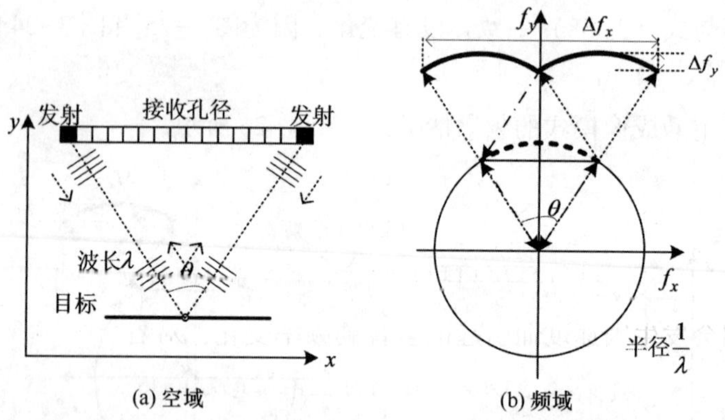

图3-28　两端配有收发一体阵元的成像模式频谱分析

通过以上分析，对于成像的分辨率性能问题，可尝试给出如下结论：① 接收孔径越大（长），成像分辨率越高；② 使用的波长越短，成像分辨率越高；③ 目标越近，成像分辨率越高。

详细分析过程已经在文中有所讲解，请读者自行分析理解。

3.9　典型海洋成像仪器的模型剖析

实际应用中的海洋成像仪器主要包括以成像为主要功能的雷达、声呐以及水下原位成像仪器，所使用的成像媒介以电磁波、声波、光波为主。成像仪器涉及的指标有很多，分辨率、距离、视场等，都是影响应用的重要指标。距离指标主要由雷达或声呐方程来约束限定，视场指标主要考虑的是成像效率问题，涉及收发阵列的配置问题，比如侧扫、前视、条形阵列、十字形阵列等，不同的配置模式可能会带来不同的成像视场或者效率。当然实际应用中的不同成像仪器的设计还会考虑所使用的信道条件，比如船的航行带来的流体扰动、是否利用大气/水下波导等自然条件形成的传输通路等。总体来说，实际应用中的成像仪器所呈现的形式可能会多种多样，但核心的数学模型目前来看不会发生大的改变。下面仅就从本章前面所讲解的成像模型角度对常用于海洋成像探测的仪器进行简要剖析。

3.9.1 合成孔径雷达/声呐

在 3.8 成像系统的分辨率性能分析中，已经给出结论：接收孔径越大（长），成像分辨率越高。而“合成孔径”，顾名思义，就是构建一个能够合成在一起的孔径，来达到提高分辨率的目的。合成孔径技术在雷达和声呐中已经广泛应用。合成孔径的频谱图如图 3-29 所示，在空域中，载有发收一体单元的移动平台（卫星、飞机、船等）边移动边对目标施测，同时记录每次接收波动数据的空间位置，这是一种主动成像模式，同时减小了对实物大孔径的硬件依赖。

从图 3-29（b）所示的频谱图可以看出，主动模式让每一个空间频率翻倍，最后形成的空间频谱带宽提升一倍，分辨率也随之提高一倍。这种成像模式理论上可以构建任意大的虚拟孔径，用柔性的虚拟孔径代替了刚性的实体孔径，放宽了使用条件和场景的限制。实际情况下，因为载体平台带有一定速度从目标上面飞过，其形成的频谱图会发生因速度而引起的多普勒频率变化，对着目标时，频率变大，远离目标时，频率变小，但飞过以后，在目标上留下的总的带宽没有质的改变。当然，合成孔径成像技术发射的声波或者电磁波并不是单一频率的波，一般会是啁啾信号波形，所以实际的成像频谱图应该不是一个“弧”，而应该是一个弯曲的条带。与“弧”相比，横向分辨率不会有大的改变，但是纵向分辨率会得到提升，这个问题在第 4 章会进一步讲解。

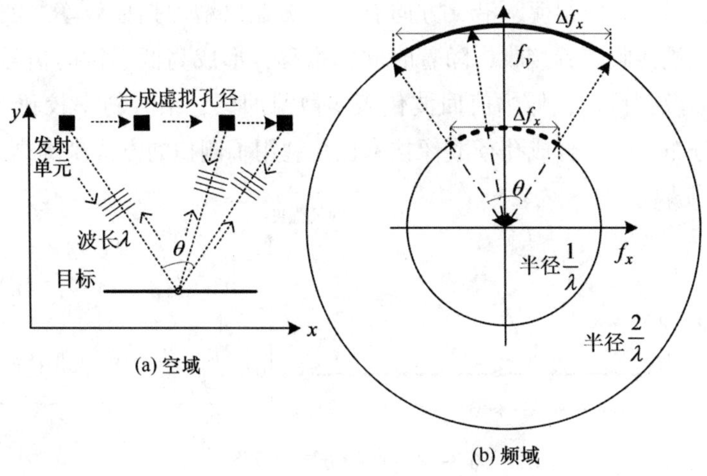

图 3-29　合成孔径技术的成像频谱

显然，用本章的成像模型能够很好地解释合成孔径技术的性能优势，主要还是围绕成像分辨率优势进行的讲解。实际应用中，合成孔径技术只是保证了沿着航迹方向的成像分辨率，在垂直于航迹的方向上还是要依靠测距技术来提高分辨率，但是因为合成孔径技术也采用所谓侧扫技术来配合移动平台提高成像效率，它的成像面实际上是与地面或海底平面成一定角度的二维平面，要想得到三维图像还必须引入角度测量机制，比如“伴飞”式的相干合成孔径技术等。尽管如此，合成孔径技术的最大亮点还是对孔径的动态合成。

3.9.2 侧扫成像声呐/雷达

侧扫模式是 3.3.2 扫描测距成像模型所介绍的扫描测距成像模型中省去扫描机构的一种应用。扫描测距模型关注的是目标点和接收器之间的距离或时间（速度一般为常量或变化很小，所以测距离等价于测时间），而目标远近及特性与回波能量大小的规律和特征，一同应用在计时回波技术中。所以从成像模式上来讲，侧扫模式就是对一连串的散射点进行同时测距，实际上是只考虑了相对精度的连续测距，所以一般只用来成像。当前一些先进的侧扫声呐可以同时做一些高精度的测量工作，另当别论。

简单来讲，侧扫成像方式相当于在一个直线上进行目标点的连续测距，但是声呐不可能贴着海底运行，因为回波无法接收到。所以侧扫声呐会离开海底一段距离，保证能接收到海底上各目标点的散射回波。在不确定声呐离海底实时的准确距离的情况下，将这些回波近似地认为是贴着海底在一条直线上回传的，即可近似表达海底目标的图像，但这一定是不准确的，所以侧扫声呐一般用来成像。

如图 3-30 所示，在侧扫发射单元沿着 y 方向移动行进过程中，向侧下方发射扁平扇状波动，沿 y 方向很薄，沿 x 方向有一定覆盖以增加扫描效率。波动所覆盖区域反射的回波被接收装置接收，随着时间的推移，形成高低起伏的信号波形。高幅值回波代表强散射目标，低幅值回波代表弱散射回波，结合斜率校正等计算方法，可得到强度分布图像。合成孔径成像技术也是利用了侧扫的方式来提高成像效率。

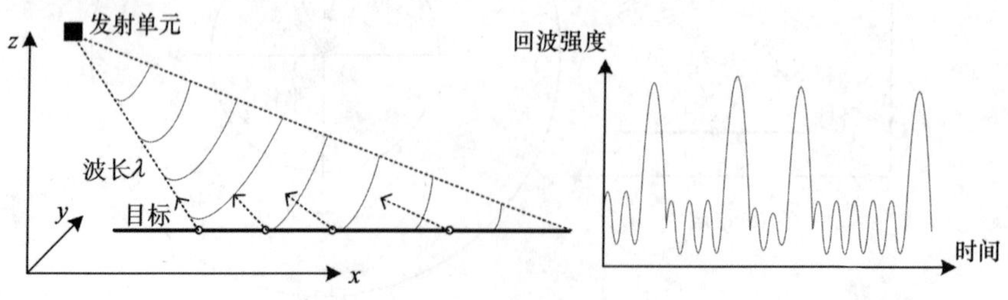

图 3-30 侧扫方式示意图

3.9.3　层析成像技术

层析成像也是一种经典的成像技术，最广泛的应用应属医学成像检测，比如电子计算机断层扫描（computer tomography，CT）、激光衍射层析成像等都属于层析成像技术范畴，但该成像技术在海洋探测领域中也有重要应用，最经典的就是海洋声层析技术对流场、温度场的测量。

在前文介绍的成像模型基础上，层析成像添加了接收孔径相对目标旋转这一环节，使得可以获得目标多个角度的图像，进而可以在一维图像基础上组成一个二维断层图像。其空域成像模式和频谱图对应关系如图 3-31 所示。

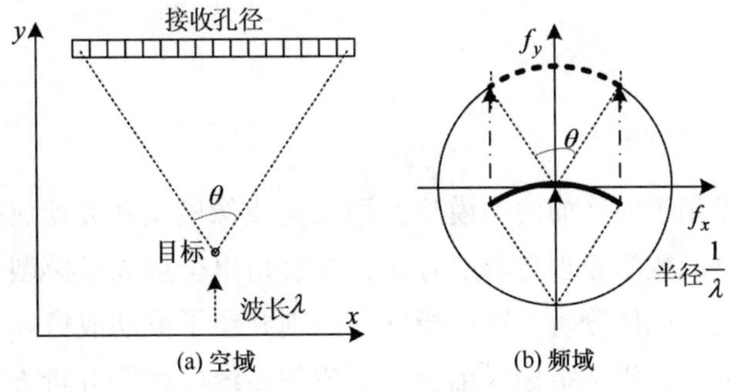

图 3-31　透射式层析成像的频谱图

按照 3.8 节介绍的主动波对频谱的调制作用和频谱挪动规则，可得到如图 3-31（b）所示的加粗圆弧状频谱。当主动照射波从另一个角度照射目标时，得到的频谱也会有相应的旋转，这也是由傅里叶变换的线性性质保证的，如图 3-32 所示。

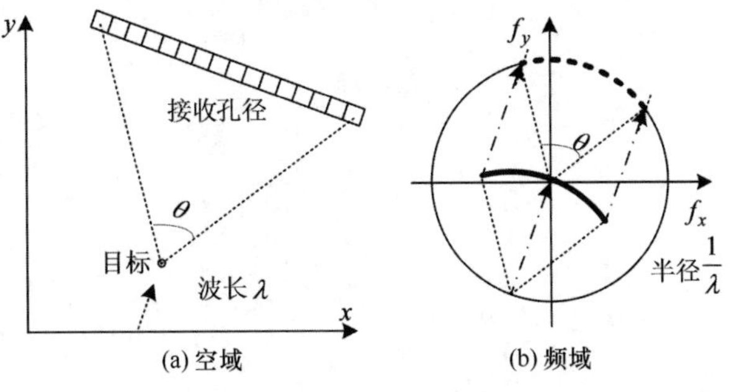

图 3-32　旋转后的频谱示意图

如此，将每一个旋转角度成像时形成的频谱叠加在一起，如图 3-33 所示。从图 3-33 中可以看出，待成像目标的频谱是一个位于中心的实心区域，这个频谱不管从哪个方向都有一定的带宽，可知其反映的是一个二维的图像，或者说待成像目标所有角度的分辨率都得到了提升，即通过一维旋转成像的方式得到了一个断面图像。

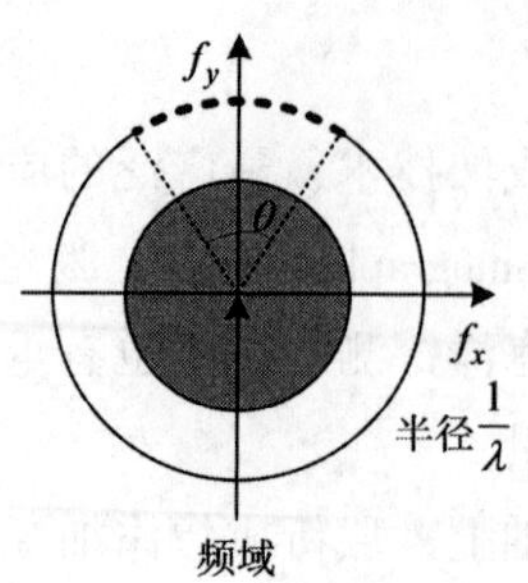

图 3-33　多个角度旋转成像后的频谱图

3.10　小结

本章介绍了常用于成像的两类模型，即几何成像模型和波动成像模型；详细剖析了波动成像模型的数学原理与求解方法，同时指出全息成像模型是一类特殊的波动成像模型。围绕着成像分辨率这一指标，分别介绍了被动成像和主动成像的成像分辨率问题，并针对分辨率指标详细介绍了成像系统的性能分析方法。最后，以合成孔径成像技术、侧扫技术、层析成像技术为代表，利用本章所介绍的知识对其原理进行了剖析。

第 4 章　海洋几何量测量仪器

海洋几何量主要包括认知、探索、利用海洋过程中涉及的距离、角度、速度等一类几何量。这类几何量的测量直接服务于航海、测绘、定位等大部分海洋活动。本章从涉及几何量测量的几何模型和波动模型着手分析，整理出距离、角度、速度测量问题的内在关联，并对常用的几类几何量处理原理和方法进行介绍，这类原理方法可用于解决一般水下定位、深度测量、速度测量等一类海洋探测问题。

学习完本章内容，读者能够对海洋测距、测角、测速等几何量相关测量问题和相关解决方法有一定的理解，并能运用学习到的知识对这类海洋探测仪器设备进行分析评价，也可为日后的这类探测仪器设计开发工作奠定理论基础。

4.1　精密几何量测量与海洋几何量测量

几何量是计量术语，是对长度、角度、形状、位置等可几何表达的量值的一种统称。笔者借用几何量来概括海洋探测中的距离、角度、定位等信息，一是为了概念上的抽象概括，二是为了尝试牵引学科之间的关联。

精密几何量测量讲究溯源，向基准溯源、向定义溯源，这是“精密”本身内涵所决定的。当然精密几何量测量也注重解决应用性测量问题，特别是瞄准工业测量需求，解决工业制造能力升级问题。它要求在保证测量精度的同时，也注重测量功能上的拓展，比如提升测量便携性、提升测量效率、提升数据管理能力等。

精密几何量测量除了服务工业测量领域以外，在工程测量领域也发挥着重要作用，比如基于经纬仪、全站仪等仪器设备开展的建筑、道路、桥梁等工程测量工作，甚至基于航空摄影测量技术、卫星航测技术等完成的地形测量工作，也都属于这个范畴。

从工业测量到工程测量，精密几何量测量面临的核心变化或挑战之一是环境量的引入。精密几何量测量的学科内涵要求避开、控制环境量，比如温度、大气波动等环境量在精密几何量测量中最好要避开或者控制住。而在工程测量领域中，这种环境量的引入不可避免，所牺牲的就是测量精度，或者说在溯源性上必然有损失。但从工程测量工作本身的要求来看，这种精度上的损失是可以接受的，可胜任大部分工程建设任务。

从工程测量再具体到海洋几何量测量，上述这种溯源性的损失就更为严重，复杂的施测环境成为主要矛盾，比如海流、海浪等外力影响，湿度、温度、盐度等环境变化，让“精密”难以精密，精密测量的学科属性遭遇进一步挑战。但海洋几何量测量的问题始终存在，解决这个问题的途径也离不开精密测量学科的原理性和技术性支撑，也就是说问题是海洋提出来的，解决手段可能主要还得依赖仪器。

当然，有些海洋几何量的测量问题可能本身并不需要有多精密，比如水深测量精确到 1 mm 的意义是什么？但是基于扫描测距的成像如果能有 1 mm 的分辨率水平，那么对海洋探测的意义将是重大的。

所以，精密几何量测量在技术上有能够满足海洋测量需求的内涵，海洋几何量测量在需求上可以牵引精密测量的发展方向，引导其聚焦到需求明确的技术问题上。剖析常用于海洋测量的仪器设备，比如多波束、ADCP 等，原理和技术范畴都是精密测量所能涵盖的，没有明显的出入。所以，用精密测量的专业视角重新审视分析海洋几何量测量仪器，笔者认为是深中肯綮的，也满足学科交叉的内在要求。

4.2 几何测距模型

4.2.1 线纹尺比对模型

最直接的测距方法就是线纹尺（通常也称作刻度尺）比对，源自人们从几何视角对距离的认知。基于这种几何认知，思路最简单的水下测距就是将线纹尺比对活动拿到水下或海洋里去做。所以，最初的海洋测深是利用测深绳（lead line）进行测量，如图 4-1 所示。

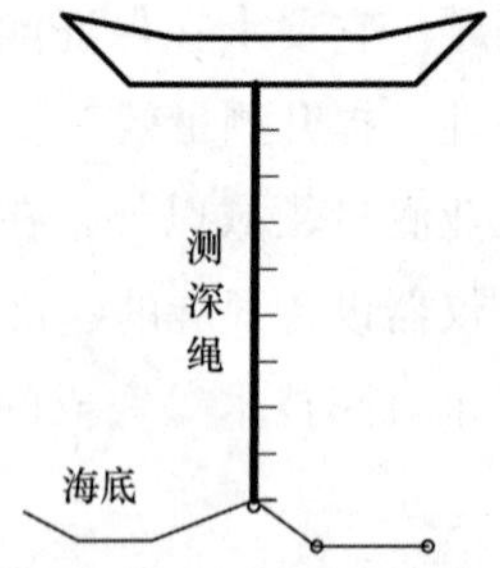

图 4-1　基于线纹尺比对思路的测深绳海深测量示意图

4.2.2 飞行时间模型

显然，图 4-1 所示测量思路是对的，但测量方法精度低下、效率低下。随着技术的发展，距离测量开始利用声、光、电磁波等媒介去实现测量，基本原理如图 4-

2 所示。

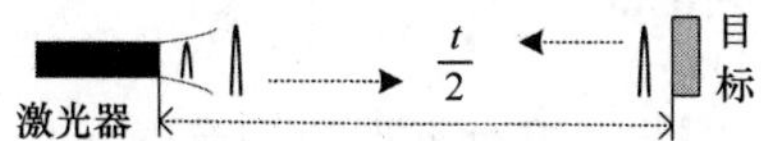

图 4-2　利用激光脉冲进行测距的原理示意

图 4-2 所示测量原理一般称为飞行时间原理，顾名思义，是通过测量脉冲从起始点到目标来回飞行的时间，再乘以飞行速度去确定距离

$$d = v\frac{t}{2} \tag{4-1}$$

式中，d 是距离；v 是速度，一般作为已知常量给出；t 是待测时间。

分析图 4-1 和图 4-2 所示不同测距原理的差异，可以看到明显的原理层面的进步。从实物比对到飞行时间，这是测距原理的一个重大进步。

在飞行时间原理基础上，现在依然完全基于几何测距思路去完成海深测量的技术之一应属测深激光雷达技术。如图 4-3 所示为测深激光雷达测距原理。从图不难看出，这种深度测量实际上是完成了两次测距，一次是测量运载器和海表面的距离，一次是运载器和海底面反射物的距离，二者相减，即是待求海深

$$d = v\frac{t - t_1}{2} \tag{4-2}$$

式中，t_1 是从运载器往返海表面的飞行时间；t 是从运载器往返海底的飞行时间；v 是海水中激光的传播速度。

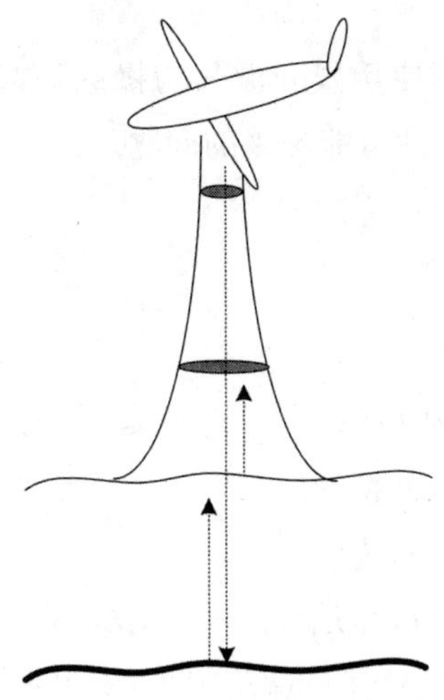

图 4-3　测深激光雷达测距原理

4.2.3 几何测距模型的特点

从以上的分析介绍可以看出，几何测距模型有以下几个特点：

（1）模型直观简单；

（2）线纹尺比对模型的测量效率和精度都难以保证；

（3）飞行时间模型测量效率高，将测距转化为测时间，相比较来说，精度更高；

（4）飞行时间模型所使用媒介的波长越短越好。

总体来说，几何测距模型还是水下测距应用中常用的模型，特别是飞行时间模型，目前几乎所有的测距方法本质上都是在测量时间，下面要介绍的波动模型也一样，掌握准确的时间信息，就获得了准确的距离信息。

但该模型对信道也有较高的要求，能保证测深绳笔直、保证飞行的脉冲走直线，就是优秀的信道。但在水下特别是海洋环境下，这种良好的信道条件不存在，特别对激光、电磁波等电性媒介，在水下环境中难以保证良好的性质存在，因此严重限制了测距的范围。目前激光水下测距最多几十米已是非常优秀的结果，所以该模型在水下距离测量中还是受到一些限制。目前来看，声波在水下的传输特性最为温和可控，但其波动性表现较为明显，经典几何成像模型对其测距能力的刻画稍显不足。

4.3 波动测距模型

波动成像模型主要考虑所使用媒介波长与操纵该媒介的尺度大小相当的情况，此时构建的模型必须考虑波动性可能带来的问题。

4.3.1 脉冲回波模型

构建发射脉冲

$$E_T(t) = Ep(t),\ 0 \leqslant t \leqslant T \tag{4-3}$$

式中，E 是脉冲的幅度；T 为脉冲持续时长。

在距离 R 处反射或散射的回波

$$E_R(t) = \alpha E_T(t-\tau) = \alpha Ep(t-\tau) \tag{4-4}$$

式中，α 表示脉冲在目标反射时产生的幅度损失；τ 表示脉冲往返经历的时间。τ 应该有如下表达

$$\tau = \frac{2R}{v} \tag{4-5}$$

对回波一般进行如下处理

$$\begin{aligned} R_E(t) &= E_R(t)E_T^*(-t) \\ &= \alpha\ |E|^2[p(t-\tau)p^*(-t)] \\ &= \alpha\ |E|^2R_p(t-\tau) \end{aligned} \tag{4-6}$$

式中，R_p 是发射脉冲 $p(t)$ 的自相关函数，$R_p(0)$ 是最大值，此时 $t=\tau$。于是，通过相关处理的方法，可以得到待求飞行时间。实际上，这也是匹配滤波的内容，在后面的章节将详细讨论该方法。得到飞行时间后，可知待测距离为

$$R = \frac{v\tau}{2} \tag{4-7}$$

这里速度 v 一般认为是已知的。

将这个模型扩展，如果目标是多个，这样得到的回波公式

$$E_R(t) = \int \alpha(\tau)E_T(t-\tau)\mathrm{d}\tau \tag{4-8}$$

回顾第 3 章讲解波动成像模型的卷积表达形式构建思路，可以对式（4-8）有更清楚的理解。

这样，得到的 $R_E(t)$ 应为

$$R_E(t) = |E|^2\int \alpha(\tau)E_p(t-\tau)\mathrm{d}\tau \tag{4-9}$$

可知，在这个表达式中，每个尖峰处代表一个目标的飞行时间，将它们提取，再按式（4-7）处理，即同时得到多目标距离。

4.3.2　线性啁啾测距模型

啁啾信号是一种特殊的构建脉冲信号的形式，英文为 chirp，是小鸟叫的意思。它的内涵是构建信号的频率随着时间线性变化。下面给出啁啾信号的表达形式

$$E_T(t) = E\mathrm{e}^{j\left(2\pi f_0 t + \frac{\pi B t^2}{T}\right)},\ 0 \leqslant t \leqslant T \tag{4-10}$$

式中，f_0 是起始频率；B 是频率带宽；T 是信号持续的时长。如果构建啁啾速率 β 如下

$$\beta = \frac{B}{T} \tag{4-11}$$

这样式（4-10）可调整表达为

$$E_T(t) = E\mathrm{e}^{j(2\pi f_0 t + \beta\pi t^2)},\ 0 \leqslant t \leqslant T \tag{4-12}$$

如果利用啁啾信号进行距离测量，它的回波形式为

$$\begin{aligned} E_R(t) &= \alpha E_T(t-\tau) \\ &= \alpha E\mathrm{e}^{j[2\pi f_0(t-\tau)+\beta\pi(t-\tau)^2]} \\ &= \alpha E\mathrm{e}^{j(2\pi f_0 t)}\mathrm{e}^{j(-2\pi f_0\tau)}\mathrm{e}^{j(\pi\beta t^2)}\mathrm{e}^{j(\pi\beta\tau^2)}\mathrm{e}^{j(-2\pi\beta\tau t)} \end{aligned} \tag{4-13}$$

利用发射信号去解调回波信号

$$E_R(t)E_T^*(t) = \alpha\ |E|^2\mathrm{e}^{j(-2\pi f_0\tau)}\mathrm{e}^{j(\pi\beta\tau^2)}\mathrm{e}^{j(-2\pi\beta\tau t)} \tag{4-14}$$

式（4-14）中，可定义

$$C = \alpha \left| E \right|^2 e^{j(-2\pi f_0 \tau)} e^{j(\pi \beta \tau^2)} \tag{4-15}$$

这是解调回波后的信号复振幅，于是式（4-14）可简化写成

$$E_R(t) E_T^*(t) = C e^{j(-2\pi \beta \tau t)} \tag{4-16}$$

式（4-16）的物理意义非常显然，它是一个频率为 $\beta\tau$ 的三角函数，对其进行傅里叶变换，可得到一个在频率 $\beta\tau$ 处的尖峰，即

$$\hat{f} = \beta\tau = \beta \frac{2R}{v} = 2 \frac{B}{T} \frac{R}{v} \tag{4-17}$$

于是，可得待测距离为

$$R = \left(\frac{vT}{2B} \right) \hat{f} \tag{4-18}$$

它是一个只和频率有关的量。

例 4-1　一艘装有前视测距避障系统的船航行在海上，水下有暗礁。该测距系统利用水声啁啾信号作为探测脉冲。请分析在船不断靠近暗礁的过程中，系统接收并解调后的回波频率会发生何种变化？

答：频率不断变小。原因即如式（4-18）所示，距离和回波解调后的频率成正比，所以会随着距离的拉近而频率逐渐变小。显然，这和人们日常生活中感受到的体验不一样，比如汽车倒车雷达，当靠近障碍物时，回波声音会变得急促，频率变高，这是因为对信号做了人为后处理。

4.3.3　FMCW 测距模型

连续波调频模型（frequency-modulated continuous wave，FMCW）是脉冲回波模型和线性啁啾模型的混合体，它利用一系列频率有步进 Δf 的连续波完成测量，所有的测量结果进行叠加，即得到 FMCW 的测距结果。

换言之，FMCW 模型就是重复脉冲回波测距 N 次，每次频率进步 Δf，初始频率为 f_0，总带宽为 B，则有

$$f = f_0 + k\Delta f,\ k = 0,\ 1,\ \cdots,\ N-1 \tag{4-19}$$

构建每次发送的连续波脉冲形如

$$E_T(t) = E e^{j(2\pi f t)} \tag{4-20}$$

这种表达形式只有在脉冲足够长的时候才成立，这里认为每次脉冲发射时间足够长。对于位于距离 R 处的目标，往返于目标的时间可表示为

$$\tau = \frac{2R}{v} \tag{4-5}$$

则

$$E_R(t) = \alpha E_T(t - \tau)$$

$$= \alpha E \mathrm{e}^{j\left[2\pi f\left(t-\frac{2R}{v}\right)\right]} \tag{4-21}$$

对回波进行解调

$$\begin{aligned} E_R(t)E_T^*(t) &= \alpha\ |E|^2 \mathrm{e}^{j(-2\pi f\tau)} \\ &= \alpha\ |E|^2 \mathrm{e}^{j\left[-2\pi f\left(\frac{2R}{v}\right)\right]} \end{aligned} \tag{4-22}$$

因为f是离散的N个频率，所以式（4-22）可写成

$$\begin{aligned} E(k) &= E_R(t)E_T^*(t) \\ &= \alpha\ |E|^2 \mathrm{e}^{j\left[-2\pi f_0\left(\frac{2R}{v}\right)\right]} \mathrm{e}^{j\left[-2\pi k\Delta f\left(\frac{2R}{v}\right)\right]} \end{aligned} \tag{4-23}$$

可以从两个视角对式（4-23）进行理解。首先从物理视角去分析，式（4-23）代表的是N个频率的连续波对同一个距离测量的每一个回波情况。单独看每一个回波，它所代表的距离信息都有若干个，因为从回波相位状态只能判断出一个波长λ范围内的距离，无法得知实际的绝对距离R，这就是所谓的模糊距离问题。而多个不同频率的波参与测量，能提供的信息就更明确一些，模糊的范围就会更小一些。为了更好地理解这个物理过程，如图 4-4 所示。

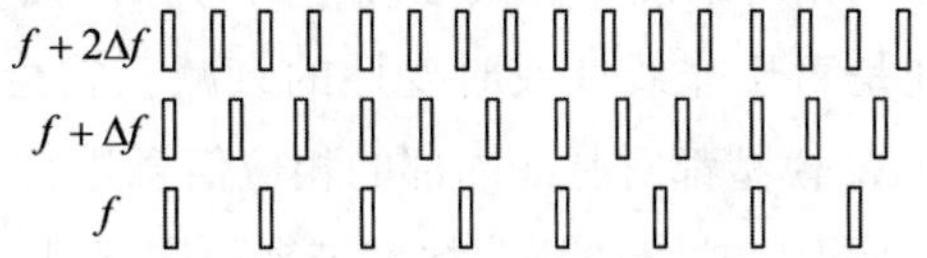

$f+2\Delta f$ ▯ ▯ ▯ ▯ ▯ ▯ ▯ ▯ ▯ ▯ ▯ ▯ ▯ ▯ ▯ ▯
$f+\Delta f$ ▯ ▯ ▯ ▯ ▯ ▯ ▯ ▯ ▯ ▯ ▯ ▯
f ▯ ▯ ▯ ▯ ▯ ▯ ▯ ▯

图 4-4　多频率回波可确定的实际距离示意图

由图 4-4 可以看出，实际距离是确定的，随着测量频率的增多，能得到准确的实际距离的概率就越大。所以，把所有形如图 4-4 所示的由频率索引的数据条（时域数据）加起来，实际的距离一定出现在峰值最大的那个数据上。

经过物理过程分析后，再从数学公式推导层面做进一步分析。将式（4-23）最后一个相位因子与快速傅里叶变换（fast Fourier transform，FFT）的核函数对比

$$\mathrm{e}^{j\left[-2\pi k\Delta f\left(\frac{2R}{v}\right)\right]} = \mathrm{e}^{j\left(-2\pi\frac{nk}{N}\right)} \tag{4-24}$$

对比可得

$$\frac{n}{N} = 2\Delta f\frac{R}{v} \tag{4-25}$$

式中，n表示所有可能的实际距离，所有n当中峰值最高那个就是最有可能的实际距离。那么如何通过简洁的计算找到这一列n？根据以上与 FFT 的对比，可以看出，把式（4-23）中

$$\mathrm{e}^{j\left[-2\pi k\Delta f\left(\frac{2R}{v}\right)\right]} \tag{4-26}$$

在频率轴上等间隔排成一列，代入 FFT，进行 FFT 逆变换，即可得到上述关于n的序列。理想情况下，这个序列应该形如下式

$$\delta(n - n_0) \tag{4-27}$$

意为只在代表实际距离的数据 n_0 处有一个峰值，其余位置都为 0。而这里 n 的表达式为

$$n = N\left(2\Delta f\frac{R}{v}\right) = \frac{2BR}{v} \tag{4-28}$$

式中，$N\Delta f = B$ 是带宽。

所以，实际距离可表达为

$$R_0 = \frac{n_0 v}{2B} \tag{4-29}$$

4.3.4 三种测距模型的关系

上述三种测距模型本质都是寻求测量更准的时间，脉冲回波模型是经典的测距方案，它对脉冲内部的相位分布情况不必知晓，只考虑脉冲幅度峰值所在的时刻即可。显然这种测时的方式相对来说不会太准确，因为脉冲幅度在飞行过程中可能会有比较大的衰减，特别是对于非线性或时变性的衰减，它会影响峰值对应的时刻。而线性啁啾模型和 FMCW 模型都对脉冲内部的相位信息进行了精心的设计，所以可以将测时精确到相位水平上，这会给测距精度带来一定提升。

综上所述，可以认为脉冲回波模型是最基本的飞行时间测距模型，而啁啾测距模型是对脉冲内部进行了精心设计后的飞行时间测距模型，FMCW 可以认为是把啁啾信号拆开了分步进行充分测量后再叠加计算的一种方法。当 FMCW 可用的频率成分非常多、带宽也非常宽的时候，可达到的测距精度将非常高，达到可测量的水平。当然这对源有非常高的要求，这不在本书讨论范围。

4.4 测距与成像的关系

第 3 章介绍成像模型所考虑的都是单一波长，而本章讲解的测距模型都是基于脉冲形式的信号，显然这是多波长成分的信号或称宽带信号，那么使用多波长或者宽带信号进行成像是否可行？回顾第 3 章给出的结论，成像模型是线性空不变的，基于这一理论的基本性质，可以认为多波长或宽带成像是可行的，而且会带来更优异的分辨率水平。

4.4.1 宽带信号逆向传播成像原理

在第 3 章关于成像的相关公式表达中，引入波长，则其单波长成像逆向传播原理可表达为

$$s(x, y, z; \lambda) = g(x, y, z; \lambda) * h^*(x, y, z; \lambda)$$
$$= \iiint_{\mathbb{R}} g(x', y', z'; \lambda) h^*(x - x', y - y', z - z'; \lambda) \mathrm{d}x'\mathrm{d}y'\mathrm{d}z' \quad (4-30)$$

式中，$g(x, y, z; \lambda)$ 是接收到的波动数据；$s(x, y, z; \lambda)$ 是待成像的目标分布；$h(x, y, z; \lambda)$ 是系统函数。

式（4–30）中，如果 λ 也是变量，则对每一个单波长得到的图像还可以再依据波长进行叠加

$$s(x, y, z) = \int_{\lambda} s(x, y, z; \lambda) \mathrm{d}\lambda$$
$$= \int_{\lambda} g(x, y, z; \lambda) h^*(x, y, z; \lambda) \mathrm{d}\lambda$$
$$= \int_{\lambda} \iiint_{\mathbb{R}} g(x', y', z'; \lambda) h^*(x - x', y - y', z - z'; \lambda) \mathrm{d}x'\mathrm{d}y'\mathrm{d}z'\mathrm{d}\lambda \quad (4-31)$$

如此，可以得到结论：多波长或宽带成像就是在单波长成像的基础上进行叠加。

4.4.2　测距叠加的图像生成原理

式（4–31）中，如果改变积分顺序，先计算对 λ

$$s(x - x', y - y', z - z') = \int_{\lambda} g(x', y', z'; \lambda) h^*(x - x', y - y', z - z'; \lambda) \mathrm{d}\lambda \quad (4-32)$$

此式的物理场景是以 (x', y', z') 为起点的距离分布图，一般是一个以 (x', y', z') 为中心的一段圆弧。再将每一个只考虑测距形成的圆弧叠加起来

$$s(x, y, z) = \iiint_{\mathbb{R}} s(x - x', y - y', z - z') \mathrm{d}x'\mathrm{d}y'\mathrm{d}z' \quad (4-33)$$

即可得到最终的图像。

如此，可以得到结论：多波长或宽带成像可以通过单点的测距圆弧进行叠加形成。

4.4.3　成像和测距的数学一致性

将成像模型进行以下转换，可以转变成测距模型，如图 4–5 所示。

在图 4–5 中，可以分析出，从目标任意排布成像，到目标纵向排布成像，实际上就转化成了测距的模型，如果只关心距离方向的信息，就变成熟知的测距模型。于是，成像模型可以套用到测距模型中来，或者说成像模型是更一般化的测距模型。回顾成像模型表达式为

$$g(x, y) = s(x, y) * h(x, y) \quad (4-34)$$

在测距模型中，不考虑 x 维度，将其参数进行调整如下

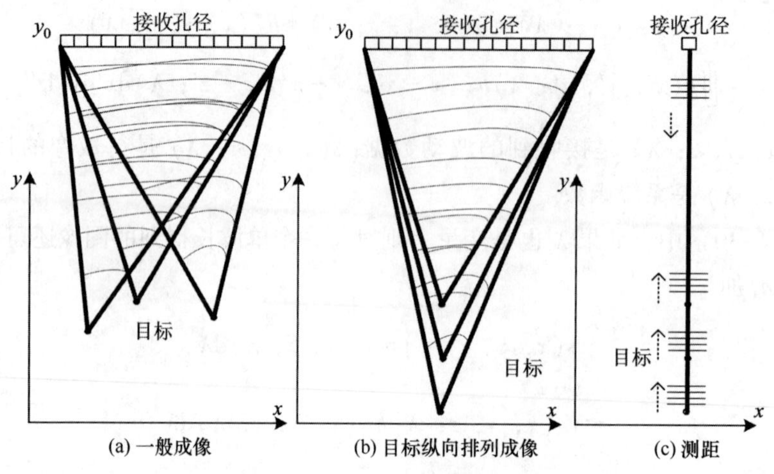

图 4-5　成像模型向测距模型的转换

$$g(y) = s(y)h(y) \tag{4-35}$$

再引入速度常量，将其调整为关于时间 t 的表达形式

$$g(t) = s(t)h(t) \tag{4-36}$$

这里 $t = y/v$。这与式（4-8）的表达形式是一样的。

所以在求解方法上，成像与测距也有一致性，即

$$s(t) = g(t)h^*(-t) \tag{4-37}$$

这里将 t 变为 $-t$ 是考虑时间反演，实际上在求解空间成像问题上，也应该考虑空间反演，即将 x 变为 $-x$，但在第 3 章成像求解时所使用的 $h(x)$ 是偶函数，故没有考虑。

综上所述，成像可以用线性空不变系统理论来描述，测距可以用线性时不变系统理论来描述，二者除了维度和关注变量的物理意义不同外，在数学上是一致的。另外，应指出的是，常用于海洋探测的侧扫成像模型，本质是来源于上述的测距模型，只不过为了保证回波能够不被位于前方的目标阻挡，发射与接收装置有一定的位置提升，这样就形成了经典的侧扫模型。显然，这种情况下，测距精度一定不能得到保证，但是拼凑起来当作图像使用是没有问题的。

4.5　测距模型的分辨率性能分析

4.5.1　绝对测距分辨率

本书所介绍的测距模型都是绝对测距模型，这也是海洋几何量测量的场景所限制的。简单讲，绝对测距就是不要求目标被“盯”上后再按要求做移动。显然，海

洋测量不可能对目标进行人为设定的移动，如果可以这么做，也就失去了海洋几何量测量本身的意义。一般只有精密测量任务才有可能让目标做移动来配合测量。

与成像一样，测距也有分辨率的问题。测距分辨率和成像一样，也与带宽有关系。回顾前面讲过的几个测距模型，脉冲回波模型没有对脉冲结构的设计，但利用带宽定理，不难得到，时间维度上的能量“堆积”，也就是脉冲宽度，与构建这个脉冲的频率宽度成反比

$$\Delta f \Delta t = 1 \tag{4-38}$$

在测距中，有

$$t = \frac{2R}{v} \tag{4-39}$$

所以，

$$\Delta t = \frac{2\Delta R}{v} = \frac{1}{\Delta f} \tag{4-40}$$

于是，有

$$\Delta R = \frac{v}{2\Delta f} = \frac{v}{2B} \tag{4-41}$$

这里引入 $\Delta f = B$ 为了与 4. 3 节公式表达一致。

回顾 FMCW 模型

$$n = N\left(2\Delta f \frac{R}{v}\right) = \frac{2BR}{v} \tag{4-28}$$

在这个公式中，令 $n = 1$ 表示 FFT 逆变换后，时域上可能的距离之间的间隔，显然也有与式（4-41）相同的表达。分析式（4-41）可知，测距分辨率与脉冲频率带宽成反比，与飞行速度成正比，即飞行越慢，测距分辨率越高。

所以，测距模型中，与直观的认知一样，脉冲时域宽度越短，代表构建脉冲的频率成分越宽，测距分辨率越高。为了提高测距分辨率，常试图提升脉冲带宽以压缩脉冲。

例 4-2　已知水中光速为 2.25×10^8 m/s，水中声速为 1 500 m/s，如果构建一个激光脉冲的频率带宽为 1 GHz，那么如果希望水下激光测距分辨率和水声测距分辨率一样，所构建的声脉冲频带应该多宽？

解：利用式（4-41），光速和声速之间比值为

$$\frac{2.25 \times 10^8 \text{ m/s}}{1\,500 \text{ m/s}} = 1.5 \times 10^5 \tag{4-42}$$

则声脉冲的带宽应为

$$\frac{1 \times 10^9 \text{ Hz}}{1.5 \times 10^5} = 6.7 \times 10^3 \text{ Hz} \tag{4-43}$$

也就是说，构建的声脉冲应该覆盖 6. 7 kHz。从这个角度讲，水下激光测距的分辨

率不见得比水声测距更有优势。

结合成像分辨率性能分析的频谱图方法，对测距分辨率的频谱图方法加以介绍。第 3 章给出的成像分辨率频谱图分析法只关注单一波长，也就是说只有一个频谱圆，不同的成像模式将在频谱圆上截取某一段并做搬移，最后计算合成的频谱圆弧在关注方向上覆盖的带宽，即可看出分辨率水平。而对测距分辨率，因为单一波长的频谱圆没有“厚度”，所以单一波长测距的分辨率是无穷大，如图 4-6 所示。

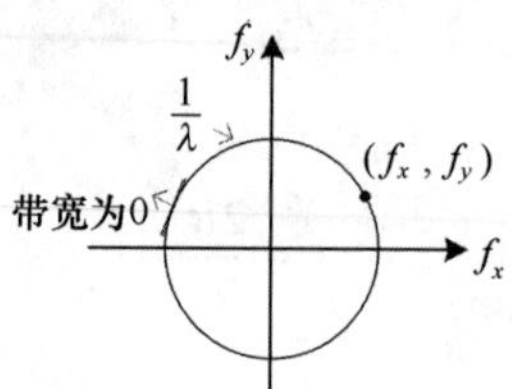

图 4-6　单波长频谱图

所以，若使测距有一定分辨率，必须用多波长组合在一起进行测距，如图 4-7 所示。

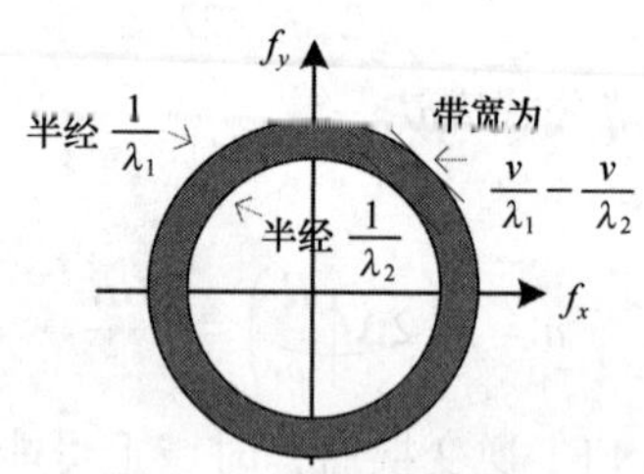

图 4-7　有一定带宽的测距频谱图

需要指出的是，虽然在测距模型上利用的带宽是时间维度上的带宽，即每秒的振动周期数，但从测距本身空间性来看，分辨率还是要落在空间尺度上，空间带宽是衡量空间分辨率的直接指标。

4.5.2　相对测距分辨率

与绝对测距相对应，相对测距就是目标可以配合测量做人为的移动，而测量仪器可感知的是目标被“盯”上后的相对移动量。相对测距模型一般在精密测量领域比较常见，比如激光干涉仪等精密测距仪器。

在这里，相对测距模型的分辨率不与施测媒介带宽直接相关，它与施测媒介的绝对波长直接相关。相对测距的分辨率就是绝对空间频率的倒数，举例如图 4-8 所示。

图 4-8 是典型的干涉仪相对测距测量模型，使用波长为 λ 。在这个模型下，目

标必须配合仪器作移动，仪器只能测量相对移动量。这个测量仪器的测距分辨率是 $\lambda/2$，对照它的频谱图对其进行分析，如图 4-9 所示。

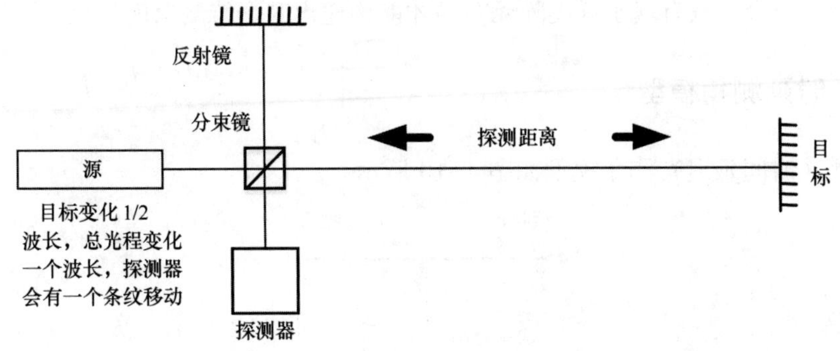

图 4-8　干涉仪相对测距测量模型示意图

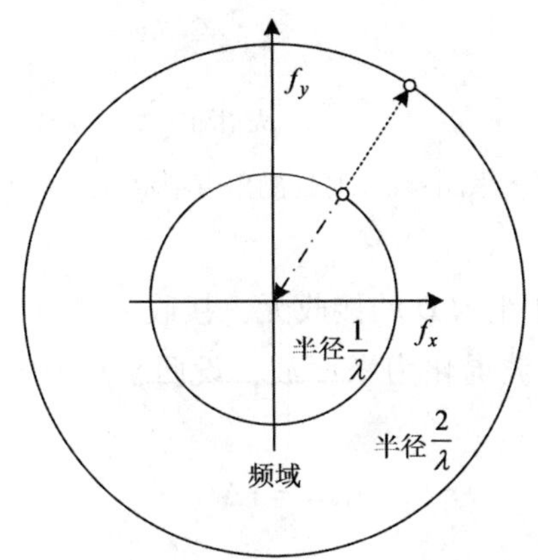

图 4-9　干涉仪相对测距分辨率的频谱图

图 4-9 中虚线方向为测距的方向，因为干涉仪为主动测量，频率点沿着主动波方向再移动一个波长 λ，最后频率点被移动到了半径为 $2/\lambda$ 的频谱圆上，其倒数就是该相对测距仪器的分辨率，即 $\lambda/2$。这与精密测量、物理等相关教材中给出的结论一致。

4.6　常用测角模型

角度是海洋几何量测量中重要的参数之一，是短基线、超短基线等水声定位装置必须要测量的参数，也是多波束等高效地形测量装备必须要测量的参数。

与测距模型不同，测角模型一般要在接收端或者发射端有不止一个阵元，才能在几何上构建出某个待求角度；而测距模型只在两端各布置一个阵元，或依靠反射散射效应代表目标处的阵元，只在发射端布置一个收发一体的阵元即可。

所以，测角模型基本的要求是，接收端或发射端至少一端有两个以上位置关系确定的阵元组合，只有基于这类阵元布局才能构建出某个待测角度。

4.6.1 时延测角模型

时延（时间延迟）测角模型如图 4-10 所示。

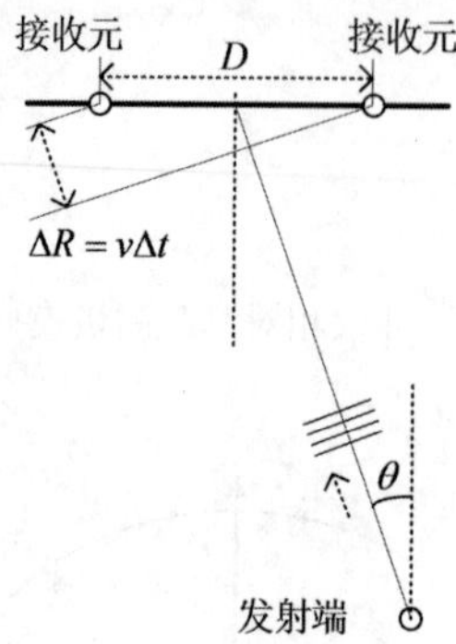

图 4-10 时延测角模型示意图

在图 4-10 中，两个相距为 D 的接收元，接收来自目标（发射端）的波动，在远场条件下，可以认为来波退化为平面波，设两个接收元接收到来波的时间差为 Δt ，则有

$$\Delta R = v\Delta t \tag{4-44}$$

和

$$\sin\theta = \frac{\Delta R}{D} \tag{4-45}$$

式中，v 是波动传播的速度；ΔR 是由速度和时间差 Δt 反映出来的两接收元感知到的距离差。

于是，待求解的角度 θ 为

$$\theta = \arcsin\frac{v\Delta t}{D} \tag{4-46}$$

时延模型的适用条件是接收元之间的距离 D 相对较长，使得接收到的来波之间的时间差可以被分辨。当 D 相对比较小的时候，这种依靠波动脉冲包络峰值表征的时间差就很难被感知，或者说分辨率水平有限，就需要进一步对波动的内部相位细节进行设计或感知（在发射端进行设计，在接收端进行感知），以提升分辨率水平。

4.6.2 相位差测角模型

在时延测角模型基础上，将时间差变成相位差，即可得到相位差测角模型，如

图 4-11 所示。

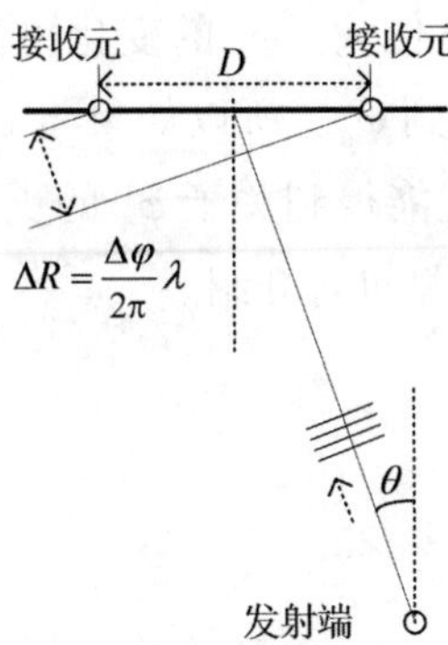

图 4-11　相位差测角模型示意图

利用与时延测角模型相似的方法，可得

$$\theta = \arcsin\frac{\Delta\varphi\lambda}{2\pi D} \tag{4-47}$$

式中，$\Delta\varphi$ 是两个接收元测得的相位差；D 是接收元之间的距离也称基线距离；λ 是波长。

这种测量模型在时延模型基础上有所提升，但至少从两个角度来看，还有可以继续提升的空间。

（1）以上模型使用的波动一般是单一频率波动，如果利用宽带脉冲（时域窄脉冲），理论上在精度上会有更优异的测量结果。

（2）在模拟电路相关课程中，读者会接触到共模信号和差模信号的概念，一般会将有用的信号放到差模信号上，所以希望对共模信号尽量抑制，而对差模信号尽量保留甚至放大。

用相位差测角模型举例分析，假设两个接收元接收到的相位分别为 φ_1 和 φ_2，而模型需要的值是

$$\Delta\varphi = \varphi_1 - \varphi_2 \tag{4-48}$$

定义共模信号为

$$\varphi_c = \frac{\varphi_1 + \varphi_2}{2} \tag{4-49}$$

差模信号为

$$\varphi_d = \frac{\varphi_1 - \varphi_2}{2} \tag{4-50}$$

所以，对 φ_1 和 φ_2 可分别表达为

$$\begin{cases}\varphi_1 = \varphi_c + \varphi_d \\ \varphi_2 = \varphi_c - \varphi_d\end{cases} \tag{4-51}$$

一般来说，φ_c 是一个比较大的数值，而 φ_d 通常是比较小的数值。这样差距较大的两个数值在同一个信道环境传输，φ_c 的变化可能就会将有用的信号 φ_d 淹没，φ_c 有 1%的波动，即会严重影响到 φ_d。所以如果将 φ_c 拿出来进一步分析，将其对 φ_d 的影响尽可能消除，理论上就能得到关于 φ_d 的更优异的精度和稳定性。下面对基于这种思想的双积分法测角模型进行介绍。

4.6.3 双积分法测角模型

1）宽带脉冲测角

如图 4-12 所示，定义发射端的信号为 $h(t)$，它是一个宽带信号，该信号传播到两个接收元处分别变为 $h\left(t-d-\dfrac{\Delta t}{2}\right)$ 和 $h\left(t-d+\dfrac{\Delta t}{2}\right)$，$c$ 是衰减系数，d 表示波动到接收阵元中间位置的延时。

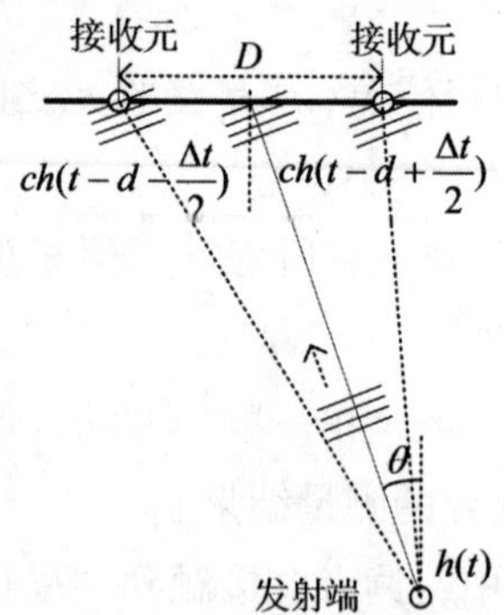

图 4-12　双积分法测角模型示意图

通过分析可知，待求角度 θ 存在于 $h\left(t-d-\dfrac{\Delta t}{2}\right)$ 和 $h\left(t-d+\dfrac{\Delta t}{2}\right)$ 的差值中，所以先对差分信号进行分析

$$\begin{aligned} s(t) &= c\left[h\left(t-d+\frac{\Delta t}{2}\right)-h\left(t-d-\frac{\Delta t}{2}\right)\right] \\ &= c\left[\delta\left(t-d+\frac{\Delta t}{2}\right)-\delta\left(t-d-\frac{\Delta t}{2}\right)\right] * h(t) \end{aligned} \tag{4-52}$$

对 $s(t)$ 进行匹配滤波，与脉冲回波测距模型操作一致

$$\begin{aligned} r_0(t) &= s(t)h^*(-t) \\ &= c\left[h\left(t-d+\frac{\Delta t}{2}\right)-h\left(t-d-\frac{\Delta t}{2}\right)\right]h^*(-t) \\ &= c\left[\delta\left(t-d+\frac{\Delta t}{2}\right)-\delta\left(t-d-\frac{\Delta t}{2}\right)\right]h(t)h^*(-t) \end{aligned}$$

$$= c\left[\delta\left(t - d + \frac{\Delta t}{2}\right) - \delta\left(t - d - \frac{\Delta t}{2}\right)\right] R_0(t) \qquad (4-53)$$

注意，这里 $R_0(t)$ 是 $h(t)$ 的自相关函数，而且 $R_0(\infty) = R_0(-\infty) = 0$，所以 $r_0(\infty) = r_0(-\infty) = 0$。

分析式（4-53），想得到 Δt，应该先对式（4-53）进行积分，得

$$\begin{aligned} r_1(t) &= \int_{\tau=-\infty}^{t} r_0(\tau)\,\mathrm{d}\tau \\ &= \int_{\tau=-\infty}^{t} c\left[\delta\left(\tau - d + \frac{\Delta t}{2}\right) - \delta\left(\tau - d - \frac{\Delta t}{2}\right)\right] R_0(\tau)\,\mathrm{d}\tau \\ &= \int_{\tau=-\infty}^{t} c\left[\delta\left(\tau - d + \frac{\Delta t}{2}\right) - \delta\left(\tau - d - \frac{\Delta t}{2}\right)\right] \mathrm{d}\tau R_0(t) \\ &= c\left[u\left(t - d + \frac{\Delta t}{2}\right) - u\left(t - d - \frac{\Delta t}{2}\right)\right] R_0(t) \\ &= \pm c p_{\Delta t}(t - d) * R_0(t) \end{aligned} \qquad (4-54)$$

这里，$u(t)$ 是阶跃函数；$p_{\Delta t}(t)$ 是宽度为 Δt 的矩形信号，如果取 + 号表示如图 4-12 发射端在右边，取-号则表示在左边。

分析式（4-54），如需进一步得到 Δt，再对式（4-54）作一次积分并取 ∞，即

$$\begin{aligned} r_2(t) &= \int_{\tau=-\infty}^{t} r_1(\tau)\,\mathrm{d}\tau \\ &= \pm c p_{\Delta t}(t - d) \int_{\tau=-\infty}^{t} R_0(\tau)\,\mathrm{d}\tau \\ &= \pm c p_{\Delta t}(t - d) R_1(t) \end{aligned} \qquad (4-55)$$

$$\begin{aligned} r_2(\infty) &= \pm c p_{\Delta t}(\infty - d) R_1(\infty) \\ &= \pm c\Delta t\,|H(0)|^2 \end{aligned} \qquad (4-56)$$

这里，$H(f)$ 是 $h(t)$ 的傅里叶变换。关于 $R_1(\infty) = |H(0)|^2$ 的证明，请读者参考第 3 章关于带宽定理的证明。

到此，得到了测角的核心数据 Δt。式（4-56）中，除了 c 不知以外，其他参数都是已知。到目前为止，推导过程利用了 $h(t)$ 的宽带性质，因为这让 $h(\infty) = h(-\infty) = 0$，使得积分收敛。

2）信道干扰共模消除

为了消除信道对信号带来的衰减 c，下面利用共模信号的性质，将 c 消掉。令

$$s(t) = c\left[h\left(t - d + \frac{\Delta t}{2}\right) + h\left(t - d - \frac{\Delta t}{2}\right)\right]$$

$$= c\left[\delta\left(t - d + \frac{\Delta t}{2}\right) + \delta\left(t - d - \frac{\Delta t}{2}\right)\right]h(t) \tag{4-57}$$

对 $s(t)$ 进行匹配滤波

$$\begin{aligned} r_0(t) &= s(t)h^*(-t) \\ &= c\left[h\left(t - d + \frac{\Delta t}{2}\right) + h\left(t - d - \frac{\Delta t}{2}\right)\right]h^*(-t) \\ &= c\left[\delta\left(t - d + \frac{\Delta t}{2}\right) + \delta\left(t - d - \frac{\Delta t}{2}\right)\right]h(t)h^*(-t) \\ &= c\left[\delta\left(t - d + \frac{\Delta t}{2}\right) + \delta\left(t - d - \frac{\Delta t}{2}\right)\right]R_0(t) \\ &= c\left[R_0\left(t - d + \frac{\Delta t}{2}\right) + R_0\left(t - d - \frac{\Delta t}{2}\right)\right] \end{aligned} \tag{4-58}$$

对 $r_0(t)$ 积分

$$\begin{aligned} r_1(t) &= \int_{\tau=-\infty}^{t} r_0(\tau)\,\mathrm{d}\tau \\ &= \int_{\tau=-\infty}^{t} c\left[R_0\left(\tau - d + \frac{\Delta t}{2}\right) + R_0\left(\tau - d - \frac{\Delta t}{2}\right)\right]\mathrm{d}\tau \\ &= c\left[R_1\left(t - d + \frac{\Delta t}{2}\right) + R_1\left(t - d - \frac{\Delta t}{2}\right)\right] \end{aligned} \tag{4-59}$$

取 $r_1(\infty)$

$$r_1(\infty) = 2c\,|H(0)|^2 \tag{4-60}$$

至此，利用共模信号，得到了关于 c 的另一种表达，除以式（4-56），得

$$\Delta t = 2\frac{r_{2d}(\infty)}{r_{1c}(\infty)} = 2\rho \tag{4-61}$$

式中，$r_{2d}(\infty)$ 代表差模信号的二次积分无穷极值；$r_{1c}(\infty)$ 代表共模信号的一次积分无穷极值；ρ 表示二者的比值。

于是，待测角度可表达为

$$\theta = \arcsin\left(\frac{2v\rho}{D}\right) \tag{4-62}$$

式中，D 是基线距离；v 是传播速度。

这里要指出的是，能实现测角的模型一般是至少在发射端或接收端的一端布置相对位置已知的多个阵元。以上的模型介绍只在接收端布置了两个阵元，实际上也可以在发射端布置多个发射阵元进行角度测量，涉及的推导过程没有本质的区别。

4.7　常用测速模型

以上介绍的所有探测模型包括成像、测距、测角等，都没有突出波动与目标相作用的物理效应，其实上述模型涉及的物理效应一般就是反射、衍射、散射（弹性散射），读者只要理解为波动作用到目标后，会有一部分信息沿着某一个方向传播到接收孔径处即可。本节要介绍的测速模型，顾名思义是以测量目标运动速度为目的，所涉及的物理效应是多普勒效应。有必要对多普勒效应先行进行介绍。

4.7.1　多普勒效应

当被探测目标或声源与接收器存在相对径向运动时，接收到的波动信号频率就会发生高于或低于原波动频率的变化，这就是著名的多普勒效应。

假设进行测量的波动是一个时域冲击信号，也就是说它的频谱覆盖整个频域，在这个波动信号上是反映不出多普勒效应的，因为即使有频率的改变，也仍然是整个频域。所以可以用这样的冲击信号作为基准来分析多普勒效应的原理。假设有两个这样的冲击波动信号相隔时间 T，去探测一个有一定速度的移动目标，如图 4-13 所示。

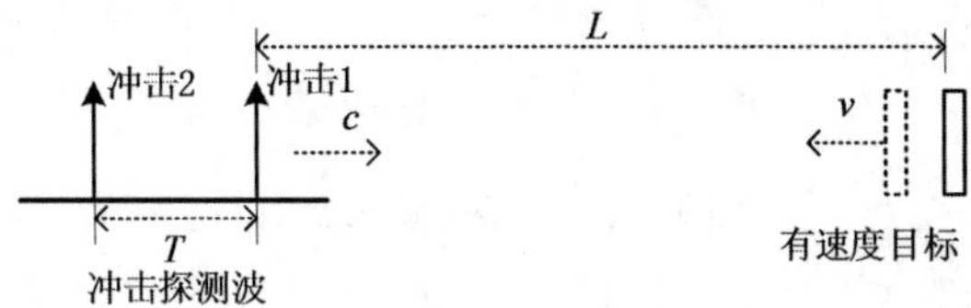

图 4-13　双冲击波信号探测有速度移动目标示意图

考虑冲击 1 和目标作用的关系，有

$$L = \frac{vt_1}{2} + \frac{ct_1}{2} \tag{4-63}$$

考虑冲击 2 和目标作用的关系，因为冲击 2 飞行到冲击 1 的位置时，目标已经更靠近 vT，所以有

$$L = \frac{vt_2}{2} + vT + \frac{ct_2}{2} \tag{4-64}$$

于是，冲击 1 和冲击 2 之间的时间宽度会变窄，为

$$T_r = T - (t_1 - t_2) \tag{4-65}$$

利用式（4-63）和式（4-64）分别求得的 t_1 和 t_2，代入式（4-65），整理得

$$T_r = \frac{1 - x}{1 + x}T \tag{4-66}$$

这里，$x = v/c$ 。

冲击 1 和冲击 2 可以代表时域脉冲里的任何两个点的幅值，也就是说上述推导带有一般性。这种一般性说明这个脉冲被整体压缩了，压缩的比例是

$$\frac{1-x}{1+x} \tag{4-67}$$

根据带宽定理，对应的频域会发生相应的展宽，比例为

$$\frac{1+x}{1-x} \tag{4-68}$$

于是，信号频带宽度增加

$$\Delta f = \frac{2x}{1-x}f \tag{4-69}$$

当 $x = v/c$ 是一个很小的数时，或者说目标移动速度和波的传播速度相比非常小时，

$$\Delta f = 2\frac{v}{c}f \tag{4-70}$$

这里 Δf 是频率发生的偏移，f 是原脉冲的频率，它可看作是测速的灵敏度参数。所述变化可如图 4-14 所示。

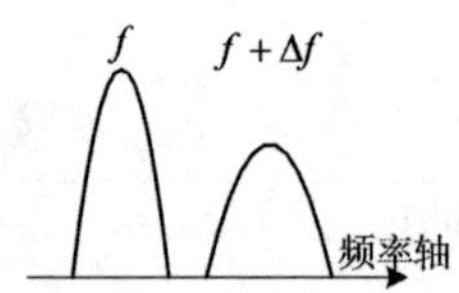

图 4-14　频带展宽示意图

有三点需要说明。

(1) 上述频带展宽是指在正负频率上同时发生向两侧延伸的信号变化，只在正频率轴上观察就是频率发生了移动；或者说有效的多普勒效应只明显地发生在带通信号上，比如脉冲是以 532 nm 为中心波长、以 5 nm 为带宽激光脉冲，这就是一个典型的带通信号；换言之，零频信号是不会发生多普勒效应的。

(2) 以上是目标对波动相向而行的多普勒效应，当目标的速度方向与波动方向一致时，频带会被压缩，相应时域波动信号会被展宽。

(3) 从测速灵敏度角度来说，由式（4-70）可知，原脉冲频率越高，相同的被测速度会产生更大的频率偏移，也就会有更高的灵敏度。

4.7.2　多普勒测速的原理性精度特点

在 4.7.1 节介绍的基础上，假设用来进行速度测量的波动是一个无限延展的三角函数波，也就是单频波，根据已知的结论，这个波从有速度目标反射回来后，也

会发生整体的压缩或者展宽，此时对应的频域变化是单值冲击频率的位移变化，如图 4-15 所示。

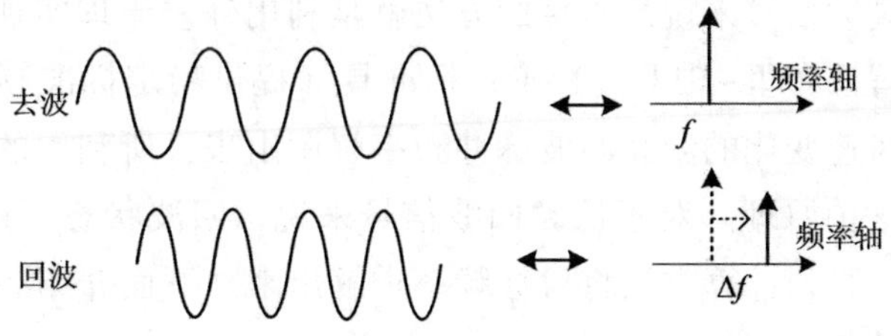

图 4-15　单频波测速信号分析示意图

从图 4-15 中可以明显看出，相比图 4-14 而言，单频变化 Δf 更清晰、更易测量，理论上精度也会更高。

所以，从测量精度上讲，利用多普勒效应进行速度测量设计中，所使用的频率越“纯”，得到测速精度也会越高；从灵敏度上来讲，所使用的频率越高，测速的灵敏度越高。这实际上对源的质量提出了更高的要求，这里不讨论具体源的问题。

4.7.3　基于多普勒效应的测速模型

在不考虑被测速度实际方向与可测速度方向之间的关系时，最简的测速模型就是如图 4-16 所示的一维测速模型。

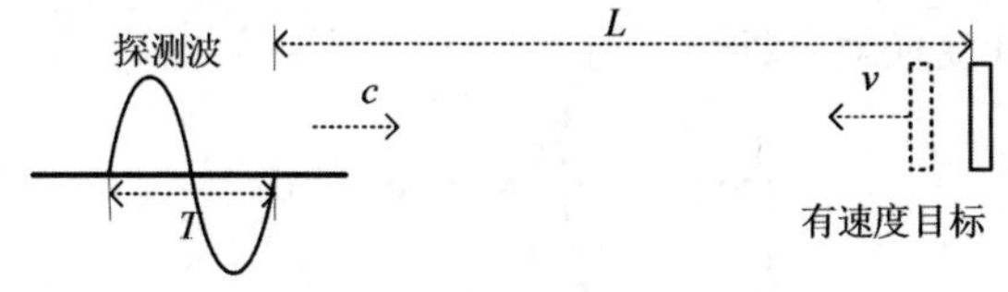

图 4-16　一维测速模型示意图

当实际的速度方向难以与可测速度方向共线时，就需要构建多维的测速模型，如图 4-17 所示。

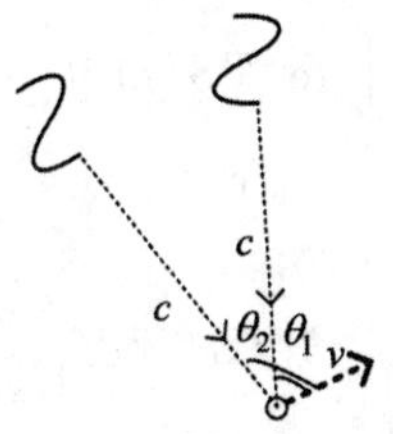

图 4-17　多维测速模型示意图

这种情况下，可以通过测量多个分量速度，进而实现实际速度的测量。ADCP

就是一个多维测速的仪器设备，后面会详细讲解。

下面对回波信号的频率求解进行介绍。事实上，对回波信号的频率求解，有很多种方法。对于高频信号来说最直接的方法就是利用外差原理实现差频测量，比如测风雷达通过内置法布里-珀罗（F-P）标准具（提供稳定标准频率）的方式，将从高空中感知到风速变化的激光回波脉冲频率解调出来，所利用的就是光学外差的方法，本质是光学拍原理。对于低频回波信号来说，回波状态可以被直接测量到，这样就可以通过一系列计算方法将目标频率求解出来。下面介绍一种常用在声学测速仪器上的复相关频率测量方法。

一般用来测速的信号都不是特别“纯”的单频率信号，所以其有一定的带宽，而且这类信号的频率也不一定是中间高两边低的对称信号，所以求解信号的频率，一般来说是求解它的平均频率或者叫期望频率。而频谱一般会有复数出现，在幅值上关注频谱的平均频率是常用的做法，从解算的便捷性角度出发，用信号的功率谱就是一种合理的方法。

假设一个回波信号为 $s(t)$ ，它的功率谱为 $S(f)$ ，它的平均频率可表示为

$$\bar{f} = \frac{\int_{f=-\infty}^{\infty} fS(f)\,\mathrm{d}f}{\int_{f=-\infty}^{\infty} S(f)\,\mathrm{d}f} \tag{4-71}$$

学习过傅里叶变换的读者应该知道，一个时域信号的自相关函数与这个信号的功率谱是一对傅里叶变换对，即

$$\begin{cases} S(f) = \int_{\tau=-\infty}^{\infty} R(\tau)\mathrm{e}^{-j2\pi f\tau}\,\mathrm{d}\tau \\ R(\tau) = \int_{f=-\infty}^{\infty} S(f)\mathrm{e}^{j2\pi f\tau}\,\mathrm{d}f \end{cases} \tag{4-72}$$

为了得到 $\int_{f=-\infty}^{\infty} fS(f)\,\mathrm{d}f$ 的进一步表达，对式（4-72）的自相关函数求导，得

$$\left.\frac{\mathrm{d}R(\tau)}{\mathrm{d}\tau}\right|_{\tau=0} = j2\pi \left.\int_{f=-\infty}^{\infty} f\mathrm{e}^{j2\pi f\tau} S(f)\,\mathrm{d}f\right|_{\tau=0} = j2\pi \int_{f=-\infty}^{\infty} fS(f)\,\mathrm{d}f \tag{4-73}$$

且有

$$R(\tau)\big|_{\tau=0} = \left.\int_{f=-\infty}^{\infty} S(f)\mathrm{e}^{j2\pi f\tau}\,\mathrm{d}f\right|_{\tau=0} = \int_{f=-\infty}^{\infty} S(f)\,\mathrm{d}f \tag{4-74}$$

于是

$$\bar{f} = \frac{1}{j2\pi}\frac{\left.\frac{\mathrm{d}R(\tau)}{\mathrm{d}\tau}\right|_{\tau=0}}{R(0)} \tag{4-75}$$

如此，利用回波信号的自相关即可求得该回波信号的平均频率。

4.8　典型海洋几何量测量仪器的模型剖析

4.8.1　多波束回波测深仪

多波束回波测深技术主要解决海洋深度信息高效率获取的问题，它是相对单波束回波测深技术而言的。粗浅的解释，多波束可以实现同时测量水下一个条带上的深度。这对海洋测绘、港口测量、海底施工等来说具有重要实用价值。

单波束回波测深技术就是脉冲回波测距模型在声学测距上的应用，但面对大面积海洋深度测量问题，单波束测深技术显然效率低下，因为它一次只能测量一个点的深度，加之波束的传播扩散性、海底的不平整等，使得单波束测深技术精度和效率都有很大的提升空间，只在小区域定点测量等场合有较多应用。

多波束技术所使用的几何量测量模型包括测距模型和测角模型，利用距离和角度可以通过计算得到深度信息。测距模型和测角模型前文都已经详细介绍，这里的问题关键在于多波束如何利用测距和测角模型，以达到高效率、高分辨、高精度测量的目的。与“侧扫”技术相似，多波束技术可以称为“直扫”或者叫“双侧扫”，它巧妙地结合船的航行、波束的扩散传播、多阵元波束的控制等水声工作条件和水声特点，将扫描式测深成为现实。这里的关键在于十字形交叉阵列模型的使用，也叫 Mills 交叉模型。

1） Mills 交叉模型

在第 3 章提到，利用水声进行探测需要关注的核心原理性特征在于无法规避的水声衍射和散射现象。水声的波长和操纵它的器件尺度基本一致甚至还要小得多，所以衍射现象成为主导效应；它与激光不一样，操纵激光的器件基本都比激光波长大得多，激光的粒子性对一般应用来说是主导效应。所以声波的相干性、衍射等是要重点关注使用的原理。

Mills 交叉的思路是：既然难以良好地控制水声表现出优异的粒子性，即按直线笔直地传播，何不放宽要求，让水声在某一个维度上尽量扩散，利用这种扩散提高测量视场，或者提高测量效率。于是，Mills 交叉模型利用一个线型阵列作为发射阵。可以想象，线形阵列在与其垂直的维度上是任意扩散的，而与其平行的维度上是可被控制或者聚束的，如图 4-18 所示。

如图 4-18 所示的发射波束可以满足大视场覆盖的要求，随着船的航行，可以形成“扫测”，相对单波束测距可以大幅提升测量效率。

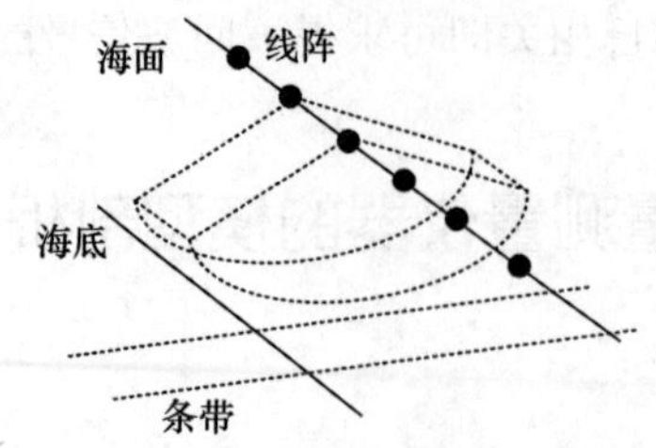

图 4-18　一维线形阵列的波束形状示意图

在接收上，要考虑能够分辨出不同角度的回波，即以发射线阵为轴形成的扇面内的角度。考虑角度测量模型，采用与发射阵相垂直的线阵进行回波接收，如图 4-19 所示。

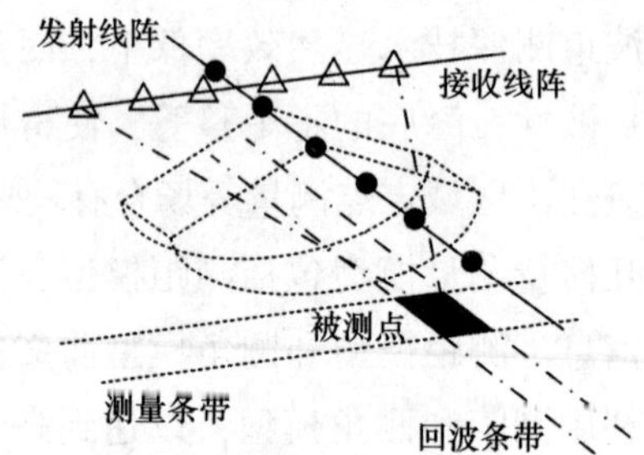

图 4-19　垂直交叉发射接收线阵工作原理示意图

这种发射与接收交叉的 Mills 模型设计在理论上可以保证，扫测条带上任意被测点的距离和角度都能测得。

2）多角度回波数据的区分原理

多角度回波同时被接收阵接收，相当于 4.6.2 节中很多个测角模型叠加在一起，这就涉及一个问题，这个测角模型是否满足线性叠加原理。将 4.6.2 节中的测角模型复杂化，添加一个待测角目标，如图 4-20 所示。

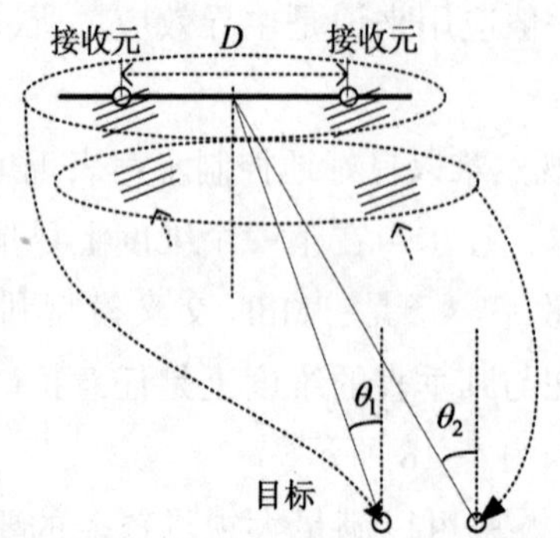

图 4-20　两个被测角目标的测角模型示意图

如图 4-20 所示，当有两个待测目标同时向接收阵发送回波时，在每个接收元处会得到顺次来自两个目标的回波，这些信号虽然有可能靠得很近，但其线性叠加的性质没有改变。换言之，测角模型可以同时处理多个方向的来波，测得多个角度。

于是，多波束在测量条带上每个可分辨被测点的回波都可被接收阵顺次接收，并经过多目标测角模型计算方法进行求解，该计算方法原理上是在 4.6.2 节介绍方法的基础上的线性扩展，这里不再赘述。其模型如图 4-21 所示。

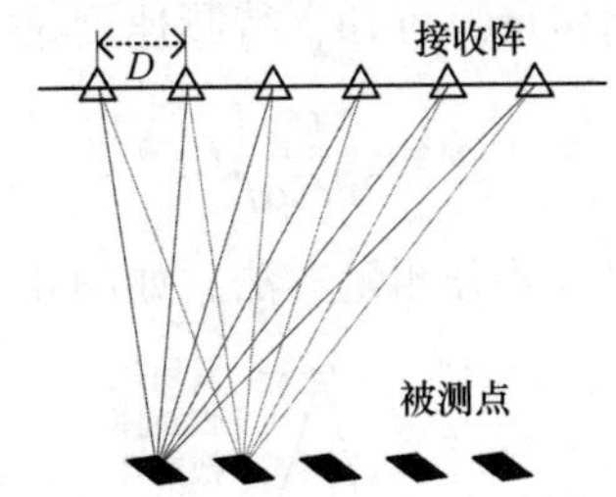

图 4-21　多波束回波多角度测量模型

4.8.2　声学多普勒流速剖面仪（ADCP）

ADCP 是在多普勒测速计程仪的基础上发展而来的，它的主要功能是测量海洋流速剖面，也就是测量沿铅垂方向的海流水平方向流速分布，当然它也可以用作船舶计程仪，服务于船舶导航定位。具体来讲，ADCP 的核心功能是测量其所投射剖面上的水平流速和剖面上的深度单元，得到一个沿深度分布的水平流速剖面，为实现水平流速的测量，首先对其换能器的配置模式进行介绍。

1）Janus 配置

Janus 是罗马神话里的门神，拥有“前后眼”，以其命名 ADCP 的声学换能器配置结构，顾名思义，是兼顾流速的多个测量方向的结构配置以水平速度测量为目标的一维测速模型如图 4-22 所示。

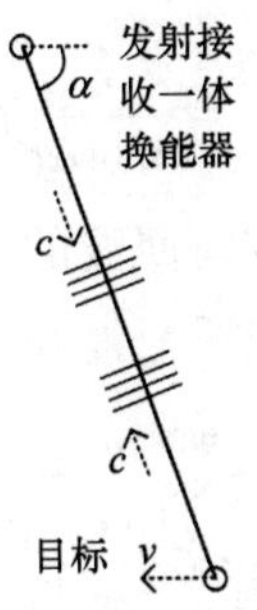

图 4-22　水平速度测量的一维模型示意图

如图 4-22 所示，以测量待测目标的水平速度为目的，利用发射接收一体换能器向目标发射声波，声波与移动目标作用后，频率发生变化，该回波再被接收。根据 4.7.1 多普勒效应介绍的多普勒测速公式，有

$$f_{d1} = \frac{2v\cos\alpha}{c} f \tag{4-76}$$

式中，v 是待测目标的速度；α 是测量波的发射方向与水平方向的角度；f 是测量波的频率，f_{d1} 是回波发生的频率偏移量。可知，待测速度是

$$v = \frac{c}{2\cos\alpha f} f_{d1} \tag{4-77}$$

为了提升抗干扰能力，引入差分测量方法，如图 4-23 所示。

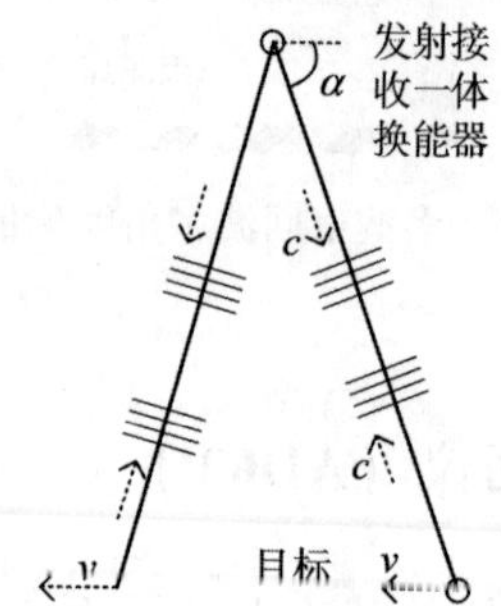

图 4-23　考虑差分测量的方法示意图

这种测量方法近似认为在水平方向上移动的目标（海流）速度是一样的，或者认为是一个移动目标，利用相同的计算公式，有

$$f_{d2} = \frac{-2v\cos\alpha}{c} f \tag{4-78}$$

用式（4-76）减式（4-78），得

$$f_d = f_{d1} - f_{d2} = \frac{4v\cos\alpha}{c} f \tag{4-79}$$

于是，

$$v = \frac{c}{4\cos\alpha f} f_d \tag{4-80}$$

这样，用差分方式只关注两个方向回波的频率差，所测得的目标处水平流速具有更好的抗干扰能力。基于此的换能器配置方式如图 4-24 所示。

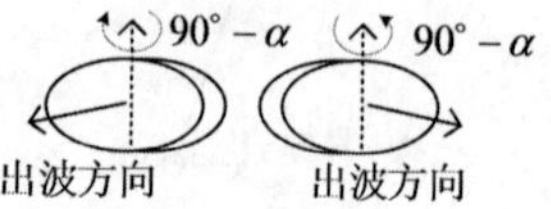

图 4-24　换能器的配置方向

以上只关注了流速在平面里的一个维度，当考虑实际情况下水平面内二维流速方向时，其配置方式如图 4-25 所示。

图 4-25　Janus 配置示意图

2）ADCP 测量中的深度单元确定原理

ADCP 的功能优越之处不只限于速度的测量，同时也在于它可给出一个深度剖面上的流速分布，这里就涉及如何确定某流速值处于什么深度的问题，也就是流速的深度单元确定原理。

确定某一指定深度单元的回波与测距的目标不同。测距是要测量目标离某一固定点的距离，而深度单元确定问题是要从所有回波中截取出一段数据，保证它回波于所关心的某个深度单元。一般用距离选通原理完成指定深度单元的数据确定，其原理解释如图 4-26 所示。

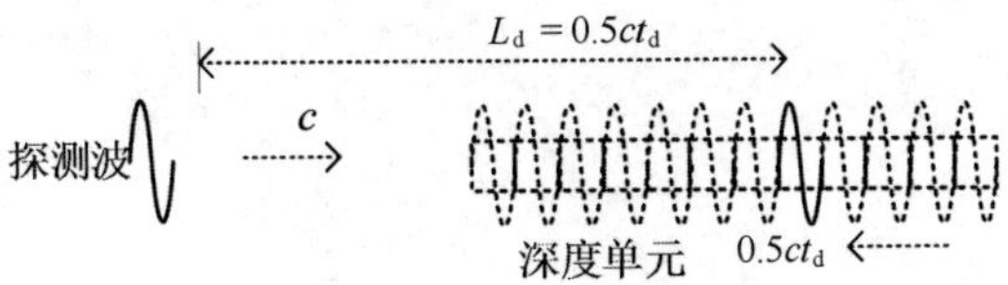

图 4-26　距离选通原理示意图

在图 4-26 中，发射探测波时即开始计时，如果想确定深度为 L_d 为哪个单元里的回波，就在 t_d 时刻将数据提取，二者的关系满足

$$L_d = 0.5ct_d \tag{4-81}$$

4.9　小结

本章围绕海洋探测中以距离（深度）、角度、速度为代表的几何量测量问题，分别介绍了常用的距离测量模型、角度测量模型和速度测量模型，并依据这些模型，以多波束回波测深仪和声学多普勒流速剖面仪为代表，进行了仪器基本工作原理和关键技术原理的简要剖析讲解。测距模型是本章的重点内容，不但介绍了常在海洋

中使用的测距模型，也探讨了它和成像之间的内在数学关系，以期读者能建立起前后知识的联系，构建更完整的知识结构。

值得指出的是，笔者从精密测量的视角出发，将精密测量与海洋几何量测量进行了对比分析，指出了精密测量从海洋几何量测量中找到了有价值的着力方向，在上下游学科之间建立起了有机的支撑和牵引关系，这是笔者想表达的带有学科交叉意味的教学和研究思路。

第 5 章　海洋传感器

海洋传感器在海洋探测，特别在海洋观测、监测中应用十分广泛，可测量并提供各种海洋环境要素，如温度、电导率、盐度和压力/深度等基本物理海洋学要素的原始数据。海洋传感器不仅用于海洋科学研究，还是海洋资源开发、港口航道环境监测、海洋测绘领域不可或缺的重要数据来源。

本章从信号通路构建的视角介绍传感器的关键设计环节，笔者也称之为传感器的逻辑结构，主要包括常用于海洋参数测量所依赖的物理/化学/生物效应、传感信号通路的构建设计两部分内容，并将传感器的基本设计环节与第 3 章海洋成像探测仪器和第 4 章海洋几何量测量仪器的基本考虑环节进行对比分析，帮助读者构建一个相对统一的探测仪器知识结构。

学习完本章内容，读者对设计传感器的一般环节应能够形成统一认识，并能利用所学知识对常用海洋传感器的工作原理、性能等进行剖析与评价，也能对一般的传感器研发工作有基本的方案设计能力。

5.1　传感器与海洋传感器

传感器是一种信息感知装置，能有针对性地感受到特定的信息，并能将感受到的信息，按一定规律变换成为电信号或其他所需形式的信息输出，以满足信息的传输、处理、存储、显示、记录和控制等要求。

海洋传感器则一般特指能解决海洋相关环境数据获取的一类传感器。比如可测量海洋温度、盐度、深度、波浪参数、海流参数等的传感器都可归类为海洋传感器。目前为止，按照传感器的定义，本书介绍的海洋成像仪器、海洋几何量测量仪器等也可归类为海洋传感器。

一般来讲，仪器的概念要大于传感器，仪器一般会兼顾测量和控制两层含义，但只有测量感知功能的仪器与传感器的内涵没有本质上的区别。海洋仪器则是特指能解决海洋调查、海洋测量、涉海工程中的相关数据获取与控制问题的一类仪器。海洋探测仪器则是专指负责海洋数据获取的一类海洋仪器，对控制的功能没有要求。

5.2 传感器的一般逻辑结构

传感器因为具体需求的不同，在物理上可能会呈现各式各样的形态，但在设计逻辑上都遵循相似的思路，可以称之为传感器的逻辑结构。比如，基本上每个动物都会有视觉、听觉、嗅觉、味觉、触觉，承载这些传感功能的分别是眼、耳、鼻、舌、皮肤，但每一个动物个体的这些器官形态会有不同，比如苍蝇的眼睛（复眼结构）和人的眼睛就不一样，但其所遵循的光线传播定律、光与物质的作用原理、基本成像原理、基本信号处理原理，以及这些原理如何有机地组合拼接在一起形成一个特定功能，这些内在的规律都是一致或是相似的。

传感器的一般逻辑结构就是“自然科学效应+信号通路设计”。一般来说，设计传感器遵循的思路就是：针对传感需求，利用正确的自然科学效应，设计合理的信号通路。针对本章介绍范畴，这里的传感需求就是海洋环境感知测量的需求，而自然科学效应一般是发现级的工作，信号通路则一般依靠数学的知识去设计，同时依靠声、电、光、机、算等具体技术去承载。

5.2.1 自然科学效应

自然科学效应这里指传感器工作所依赖的基本效应，包括物理的、化学的、生物的效应，比如多普勒效应、荧光效应等都是传感器开发常利用的自然科学效应。在传感器研制工作中，这些自然科学效应至少有以下两个特点。

1）只能用，不能改

自然科学效应是自然规律，它有自己运行的机制，不会被任意地更改，这是自然科学效应的一大特点。自然科学效应只能被不断的认识清楚，不会被人为地设计。

2）传感器中的科学机制一般都是“成熟的简单机制”

能用于传感器、仪器设计制造的自然科学效应一般来说都是非常可靠的、被科研人员所熟知的“成熟的简单机制”。一般传感器的设计研制工作不会选择特别复杂的、甚至还未知的机制去进一步构建，因为这在逻辑上是不通的。传感器的任务就是利用“已知的、成熟的、简单的机制”去设计一款能使用的工具，它的定位是工具的研制，不是机制本身的研究。机制的研究是科学，工具的研制是技术，一个要回答“为什么”，另一个要回答“怎么做/用”，二者至少在这个层面上是有属性区别的。当然，科学研究的成果，比如发现了一个新的机制，可以被拿来用在技术或工程上，这是科学对技术的贡献；而技术或工程的实用，反过来对科学问题研究的进一步深化和拓展也会起到至关重要的作用，比如“哈勃”望远镜对天文学的贡献就是一个典型的例子。所以笔者认为科学和技术应该彼此尊重、相互支撑。

5.2.2 信号通路设计

传感器的信号通路设计是指利用相关的数学工具和具体的声、光、电、机、算等技术工具，将传感器依赖的自然科学效应所反映出来的信号，进行逐步的放大、传输等一系列合理、有效的操作。信号通路设计的核心任务是保证所依赖的自然科学效应能够发生，且所反映出来的信号能够被准确地采集。

下面用信号通路设计的思想对第 3 章和第 4 章介绍过的遥测式仪器进行分析。学习过这两章节内容的读者知道，所介绍的海洋成像探测仪器、海洋几何量测量仪器都是设备与被感知量之间存在某种信道隔离，也就是说它们都属于遥测式仪器。

如图 5-1 所示，在成像探测仪器模型中，希望发生的物理效应是发射的波动与被成像目标之间发生的散射或反射效应，这是一类自然科学效应。主动成像模式中，通过主动发射波动的方式，希望探测所依赖的散射或反射效应能够发生，并且尽量显著发生以保证在接收端能够接收到信号。遥测式模型中，中间一般有信道隔离，这种信道隔离从信号通路设计的角度来看，属于低通滤波，它会把高频信息都滤除掉，只保留一部分低频信息传播到接收孔径处，这也和第 3 章中关于波动以低空间频率传播的特点描述一致。从这个角度分析，不包含控制功能的探测类仪器也属于传感器定义范畴，像搭载在卫星上的高度计等探测仪器也都是传感器，内业研究人员一般也称其为载荷。

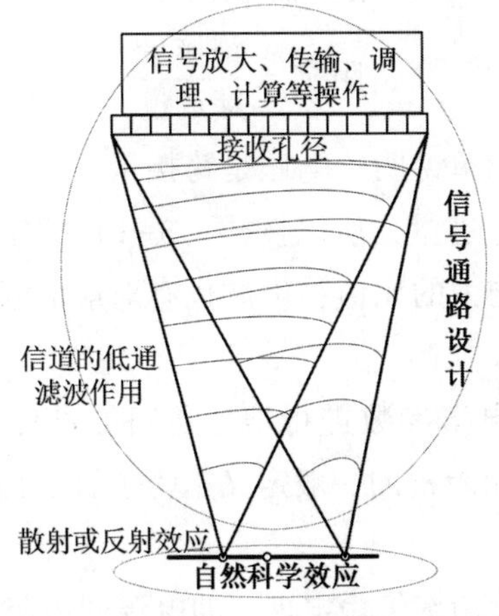

图 5-1　遥测式探测仪器的传感器逻辑结构

本章集中讨论的传感器是只测量海洋局部点区域信息的传感器，这类传感器一般没有目标与传感器之间的信道隔离，所测量的区域一般是局部的固定观测点（原位测量)，或者海洋剖面（投弃式测量)，或者随某探测平台行进轨迹进行测量（水下滑翔机所搭载传感器的移动式测量）等。

这类传感器没有信道隔离，所以没有因波动传播带来的高频信息损失，其对接收到的信号的具体处理原理、方法和相关技术，成为传感器设计的主要工作，这类工作一般承载于线性时不变理论和电子技术，当然信号还没有传播到接收器时，承载信号处理任务的一般就是所使用的媒介，比如声波、光波等，这在前两章已经介绍。下面对传感器接收到信号以后，或者一般来说信号变成电信号以后的相关信号处理方法和原理进行讲解。这部分知识既补充前两章的内容，也是本章的重点内容。

5.3 传感器信号通路中的阻抗匹配

传感器内部的信号通路可以人为设计，它与信道通路不同，信道通路是天然的低通滤波器，很难进行人为的精细化设计，这是遥测仪器必须要接受的困难，而在传感器内部的信号通路，可以利用各种可能的方法进行处理，以最大限度地保护有用的信号。为更好地讲解这个问题，先介绍阻抗的定义。

5.3.1 阻抗的一般定义

为读者所熟知的阻抗应该是电学中的电阻抗，它是电阻的复数表达。电阻抗的定义是电压和电流的比值，为了一般化阻抗的定义，可以将其提炼为端口量（跨接量）和穿过量的比值，于是可以一般化阻抗的定义为

$$\text{阻抗} = \frac{\text{跨接量}}{\text{穿过量}} \tag{5-1}$$

下面以电压为例进行简单说明。电压是跨接量，电流是穿过量；动力机械结构中，速度是跨接量，力是穿过量，所以按式（5-1）的定义，动力机械结构中，机械阻抗的定义应该是速度与力的比值；声波也有对应的阻抗，即声阻抗，它是声压与体速度的比值。

常用的传感器多利用电学参数进行信号通路的设计，也有采用机械量的情况（如机械式海流计）。抽象出阻抗的一般定义是为了解决信号通路设计中的一个重要问题：阻抗匹配。

在电路理论中，有最大功率传输定理，即电源的内阻和负载阻抗相等（共轭相等）时，负载可接收到最大的电源功率，这就是阻抗匹配的一个典型的例子。当然，阻抗匹配的优化目标不一样，会有不同的阻抗匹配方法，比如电子学中的负载效应问题。在电子学电路设计中，希望前一端的输出不受后一端输入的影响，比如，用电压表去测量电路中某两端之间的电压，测量过程中并不希望电压表的介入会影

响电路本身的参数，这就需要电压表的输入阻抗接近无穷大，以尽可能减少电压表的介入对电路带来的影响。

5.3.2　阻抗匹配的方法

阻抗匹配一般是为了实现以下目标：① 最大功率传输；② 最大功率效率传输；③ 阻止信号反射；④ 减小负载效应。每个目标对应一类解决方法。

1）最大功率传输的阻抗匹配方法

功率一般来自电源，负载希望从电源处获得最大的功率，这时应该满足电源内部阻抗 Z_s 和负载阻抗 Z_l 匹配，即满足共轭相等的要求。如果在负载与电源之间还存在其他阻抗，比如线缆等效阻抗，可以利用戴维南定理，将除负载以外的一端口网络进行等效，得到只有一个源串联一个内阻抗的情况，此时再使内阻抗与负载阻抗相等，即可实现最大功率传输。

例 5-1　如图 5-2 所示，直流电源电压为 v_s，电源内阻为 R_s，负载电阻为 R_l，欲使负载获得最大的电源输出功率，R_s 和 R_l 应该满足什么条件？

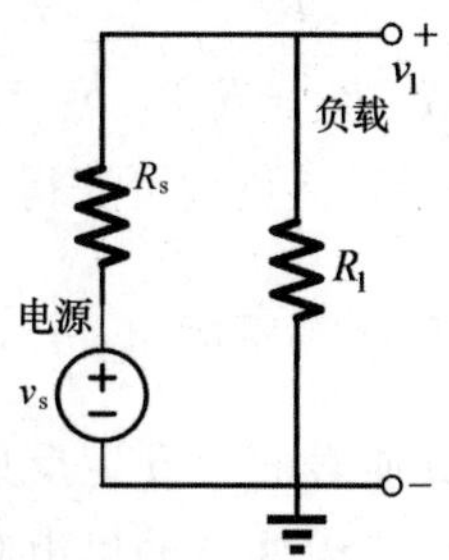

图 5-2　带内阻抗电源对负载输出功率电路图

解：能过负载的电流

$$i = \frac{v_s}{R_s + R_l} \tag{5-2}$$

负载两端的电压为

$$v_l = \frac{R_l}{R_l + R_s} v_s \tag{5-3}$$

于是，负载的功率为

$$p = v_l i = \frac{R_l v_s^2}{(R_s + R_l)^2} \tag{5-4}$$

令

$$\frac{\mathrm{d}p}{\mathrm{d}R_1} = 0 \tag{5-5}$$

有

$$R_1 = R_s \tag{5-6}$$

此时，可使得负载 R_1 获得最大功率。

在例 5-1 的基础上，将电阻变为阻抗，电源变为交流电，可以采用相量计算方法对负载的输出功率进行计算。这里注意有功功率和无功功率的问题，实际关注的应该是有功功率的获得。通过相似的计算过程，可得内阻抗和负载阻抗应该满足“共轭相等”，也就是

$$Z_s = Z_1^* \tag{5-7}$$

这里 Z_s 是电源内阻抗；Z_1 是负载阻抗。

2）最大功率传输效率的阻抗匹配方法

利用图 5-2 所示电路进行分析最大功率的传输效率。传输效率是一个比值，是负载获得的功率和电源总输出功率的比值，于是有

$$\eta = \frac{i^2 R_1}{i^2(R_1 + R_s)} = \frac{R_1}{R_1 + R_s} \tag{5-8}$$

由式（5-8）可知，当 $R_1 \to \infty$时，负载可获得 100%的功率效率。

3）阻止信号传输反射的阻抗匹配方法

与光线在折射率不同的两种介质表面会发生反射的道理相同，信号在介质中传输时也有反射现象发生，即使在导线内部，如果电阻抗发生突变，传播的电磁场信号也会发生反射现象。一般用反射系数 Γ 来表达信号在介质中的反射大小

$$\Gamma = \frac{v_r}{v_i} \tag{5-9}$$

式中，v_r 是反射回的电压信号；v_i 是发射出去的电压信号。

在如图 5-3 所示为有同轴电缆连接的信号源和负载电路中，反射系数可表达为

$$\Gamma = \frac{|Z_1 - Z_c|}{|Z_1 + Z_c|} \tag{5-10}$$

根据式（5-10）和图 5-3，在 $Z_1 = Z_c$ 的情况下，反射系数最小为 0。

4）减小负载效应的阻抗匹配方法

负载效应是指由于负载的变化而引起既定输出量变化的效应。在传感器通路设计工作中，负载效应常在电子电路系统中使用，实际上负载效应也可一般化到机械结构设计等其他承载技术的信号通路设计中。下面利用电子电路系统设计中的例子

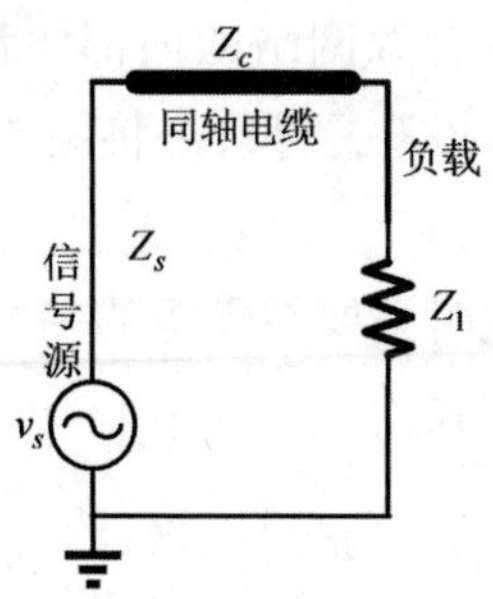

图 5-3　有同轴电缆连接的信号源和负载电路图

对负载效应进行讲解。

输入和输出阻抗是讲解负载效应的必备概念。输入阻抗：将输入一端口网络内的源置零，其端口表现出的端口电压与穿过电流之比值。输出阻抗：将输出一端口网络内的源置零，其端口表现出的端口电压与穿过电流之比值。输入阻抗和输出阻抗可统称为一端口网络的等效阻抗。

关于等效阻抗的求解方法，一般须知道一端口网络的两个要素，即开路电压和短路电流。下面对这个方法的数学原理进行分析。由戴维南定理知，所有一端口有源网络都可以等效为一个电源与一个电阻的串联，其数学表达可用图 5-4 直观表示。

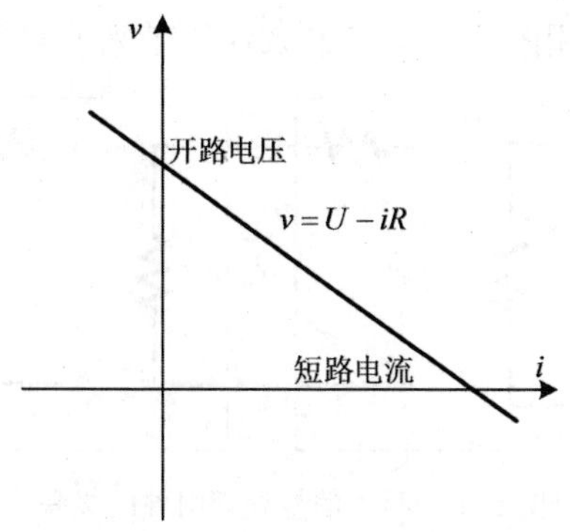

图 5-4　一端口有源网络电路的戴维南等效数学表达

在这个数学模型中，待求等效电阻 R 。不难分析得到，开路电压就是图 5-4 直线在 v 轴上的截距，而短路电流就是直线在 i 轴上的截距。由图 5-4 可知，开路电压与短路电流的比值就是待求的电阻，也就是直线的斜率，这里有正负号的问题，取决于电流和电压设定的方向。

另外一种求解等效电阻的方法是将一端口有源网络内的源都置零，再对源置零后的网络输入一个任意的测试电压或者测试电流，求出对应的响应电流或者响应电压，求比值，即可得到待求等效电阻 R 。下面依然利用图 5-4 分析这个方法的数学原理。不难得到，如果将一端口有源网络的内部源都置零，相当于恒压源变导线，恒流源变断路，总之电流电压都归零，等价于将图 5-4 中的直线平移到原点处，如图 5-5 所示。

由图 5-5 不难分析得到，此时只要在无源的一端口随意设置测试电压或测试电流，即可求得等效电阻 R，如下式

$$R = \left|\frac{v_t}{i_t}\right| \tag{5-11}$$

以上关于求解等效电阻的分析方法也适用于求解等效阻抗，没有本质区别。

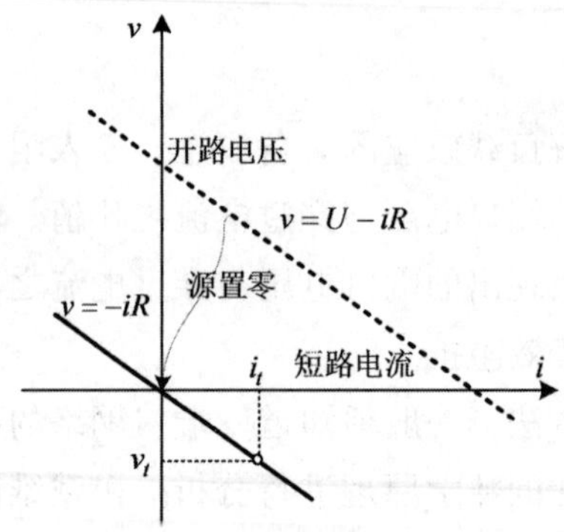

图 5-5　一端口有源网络的源置零的数学过程

基于以上介绍，可利用图 5-6 对负载效应所带来的问题进行讲解。

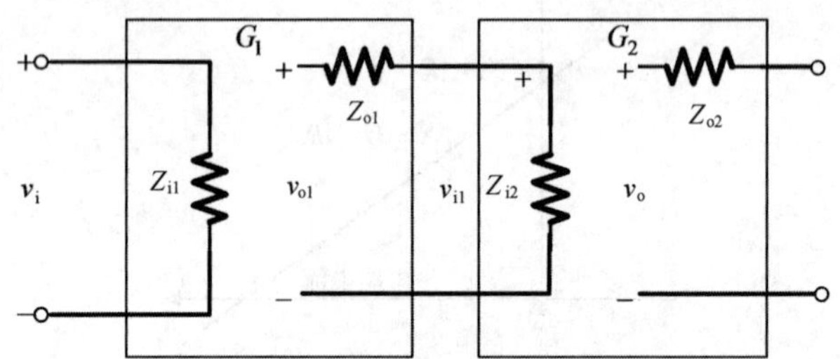

图 5-6　两个信号处理组件的级联

理想情况下，图 5-6 所示的级联组件总输入和总输出的关系应为

$$\frac{v_o}{v_i} = G_1 G_2 \tag{5-12}$$

是两次作用关系的相乘，比如在放大系统里，应该是两次放大系数相乘。

在实际系统中，因为级联前一端的输出阻抗和后一端的输入阻抗之间会形成分压电路，于是有

$$v_{i1} = \frac{Z_{i2}}{Z_{i2} + Z_{o1}} v_{o1} \tag{5-13}$$

于是，实际上总的输出和输入的关系变为

$$v_o = \frac{Z_{i2}}{Z_{i2} + Z_{o1}} G_1 G_2 v_i \qquad (5-14)$$

所谓加载效应显现出来，实际的级联效果在理想效果基础上打了个折扣，比例为

$$\frac{Z_{i2}}{Z_{i2} + Z_{o1}} \qquad (5-15)$$

欲使式（5-15）为 1，有两种方式，一是使 $Z_{i2} = \infty$，二是使 $Z_{o1} = 0$。这就是减小负载效应的原理。

以上，利用电子电路系统的例子，以电压信号前后级联为实例，讲解了负载效应的问题根源，同时也给出了减小负载效应的原理和思路。当然，负载效应在机械系统设计中也有类似的分析方法，这里不再赘述，请读者自行分析。

5.4 传感器信号通路中的放大与滤波

放大和滤波是提高有用信号信噪比的主要方法，传感器信号通路上的放大和滤波操作是放大器信号调理的核心内容。

5.4.1 信号放大

1）基本信号放大电路

信号放大是几乎所有传感器信号通路设计都必须面对的问题。光信号有光放大器，主要解决光纤通信中信号长距离衰减的问题。在传感器信号通路中，常见的是电信号放大，承载电学信号放大功能的器件是运算放大器。下面笔者尝试从一个反馈控制数学模型角度切入，引出运算放大器，并以举例的方式介绍几个基于运算放大器的放大电路。反馈控制模型如图 5-7 所示。

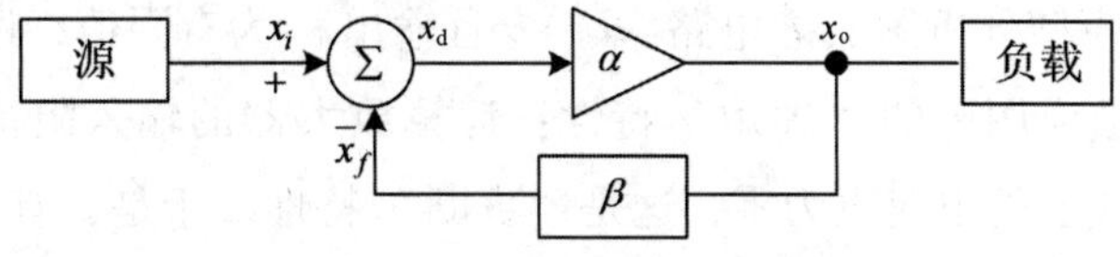

图 5-7　反馈控制数学模型

如图 5-7 所示，x_i 是输入量，x_o 是输出量，α 是前向放大系数，β 是反馈系数，分析可有如下表达

$$\begin{cases} x_f = \beta x_o \\ x_d = x_i - x_f \\ x_o = \alpha x_d \end{cases} \tag{5-16}$$

进一步整理，可得关于输出和输入的表达式

$$x_o = \frac{\alpha}{1 + \alpha\beta} x_i \tag{5-17}$$

分析式（5-17），如果 $\alpha \to \infty$，则

$$x_o = \frac{1}{\beta} x_i \tag{5-18}$$

通过设置一个小于 1 的 β 值，可得到信号的准确放大。放大原本就是一个比较困难的问题，它涉及对能量的准确调控，因为放大不应改变信号本身的特征，否则失去了放大的意义，所以通过设置一个小的数值 β，再利用图 5-7 所示的模型，即可实现 $1/\beta$ 的放大，这是图 5-7 所给出的模型的意义之一。

那么，在图 5-7 所示的模型中，关键的 α 部分由什么器件来承载？它是一个放大倍数为无穷大的器件，在电子电路系统中这个器件就是运算放大器。

关于运算放大器的具体概念及参数介绍，不是本书的内容，读者可参考相关教材自行复习。这里直接给出几个基于运算放大器的电路，帮助读者理解其放大的原理。

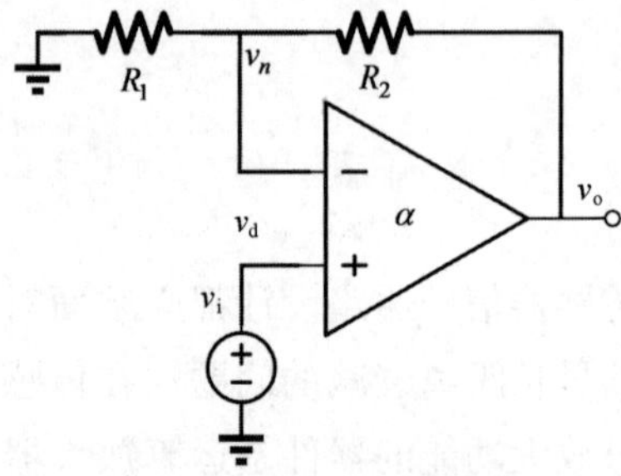

图 5-8　同相放大器电路

利用图 5-7 模型分析图 5-8 电路，$\alpha \to \infty$且输出 v_o 为有限值，说明 $v_d = 0$，这是运算放大器负反馈应用中的“虚短”特性；运算放大器的输入阻抗理想为无穷大，所以两个输入端线上的电流也为零，这是“虚断”特性。于是，有

$$\begin{cases} v_n = \dfrac{R_2}{R_1 + R_2} v_o \\ v_d = v_i - v_n \\ v_o = \alpha v_d \end{cases} \tag{5-19}$$

对比式（5-16），不难发现，同相放大电路就是以电压信号为考虑对象，套用

图 5-7 模型的一种技术实现。可以看出，运算放大器的“虚短”特性正是为图 5-7 负反馈控制模型中的 Σ 环节提供了关于电压信号相减的技术实现。整理，得

$$v_o = \left(1 + \frac{R_1}{R_2}\right) v_i \tag{5 - 20}$$

下面看一个反相放大的例子。

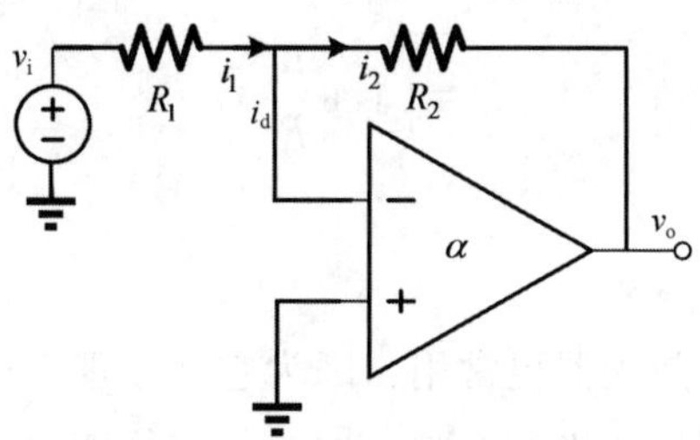

图 5-9　反相放大器电路

由于“虚断”特性，输入信号 i_1 和反馈信号 i_2 存在差值。理想情况下差值为零，对这个差值进行 $\alpha \to \infty$倍的放大，得到输出 v_o 。这里 α 是一个有单位的量。于是有

$$\begin{cases} i_2 = - \dfrac{1}{R_2} v_o \\ i_d = i_1 - i_2 \\ v_o = \alpha i_d \end{cases} \tag{5 - 21}$$

不难发现，图 5-9 是一个以电流信号为输入、电压信号为输出的套用图 5-7 模型的反馈放大电路。整理得

$$v_o = - R_2 i_1 = - \frac{R_2}{R_1} v_1 \tag{5 - 22}$$

下面给出一个电流放大器的例子。

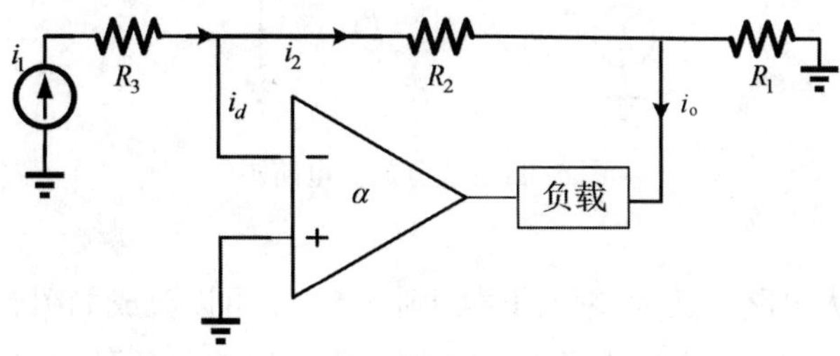

图 5-10　浮动负载电流放大器电路

不难分析，有

$$\begin{cases} i_2 = \dfrac{R_1}{R_1 + R_2} i_o \\ i_d = i_1 - i_2 \\ i_o = \alpha i_d \end{cases} \tag{5 - 23}$$

这是一个输入和输出都是电流信号的套用图 5-7 模型的放大电路。整理得

$$i_o = \left(1 + \frac{R_2}{R_1}\right) i_1 \tag{5 - 24}$$

2) *差分放大电路*

在实际应用中，差分放大器更常用，因为它在原理上可以保证只放大两个输入端的信号差值，对信号平均值进行抑制，这对很多传感器输出信号的提取是非常有价值的，下面给出一个差分放大器的例子，如图 5-11 所示。

不难分析得到，图 5-11 所示的电路，输出与输入的关系如下

$$v_o = \frac{R_2}{R_1}(v_2 - v_1) \tag{5 - 25}$$

得到这个结论的前提是

$$\frac{R_4}{R_3} = \frac{R_2}{R_1} \tag{5 - 26}$$

即满足电桥平衡条件。电桥是一种电器信号的转换技术，在 5.5.3 节会详细讲解。

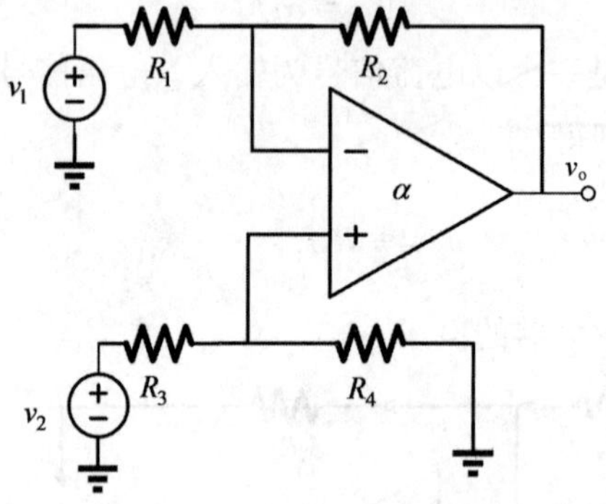

图 5-11　差分放大电路图

既然差分放大电路只放大差分信号，则图 5-11 可以改成如图 5-12 形式。

通过如图 5-12 所示的表达形式，可知，传感器输出的信号可以架在一个有一定数值的共模信号上，而这个信号往往不是所需要的，应抑制该共模信号，这也是差分放大电路的用途。

下面介绍升级版差分放大电路，称为仪器仪表放大器（instrument amplifier，IA）。它会有极高的共模和差模输入阻抗，很低的输出阻抗，精确和稳定的增益等

参数。IA 可用于精确放大高共模信号情况下的微弱差模信号。下面给出一个基于三个运算放大器的 IA 电路，如图 5-13 所示。

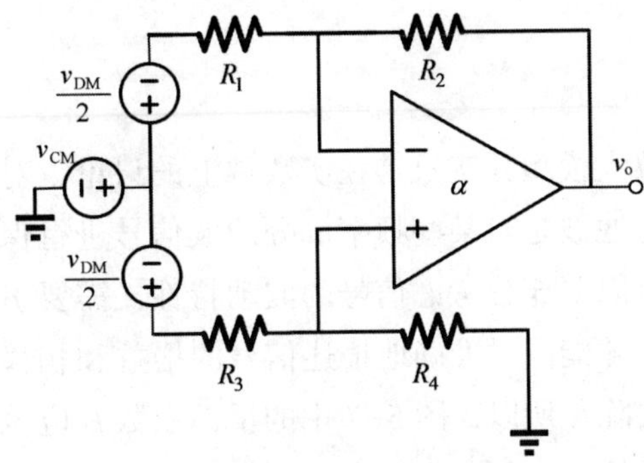

图 5-12　用共模和差模信号表达的差分放大电路

不难计算，图 5-13 电路的输出和输入关系为

$$v_{o2} - v_{o1} = \left(1 + \frac{2R_3}{R_G}\right)(v_2 - v_1) \tag{5-27}$$

$$v_o = \frac{R_2}{R_1}(v_{o2} - v_{o1}) \tag{5-28}$$

所以

$$v_o = \frac{R_2}{R_1}\left(1 + \frac{2R_3}{R_G}\right)(v_2 - v_1) \tag{5-29}$$

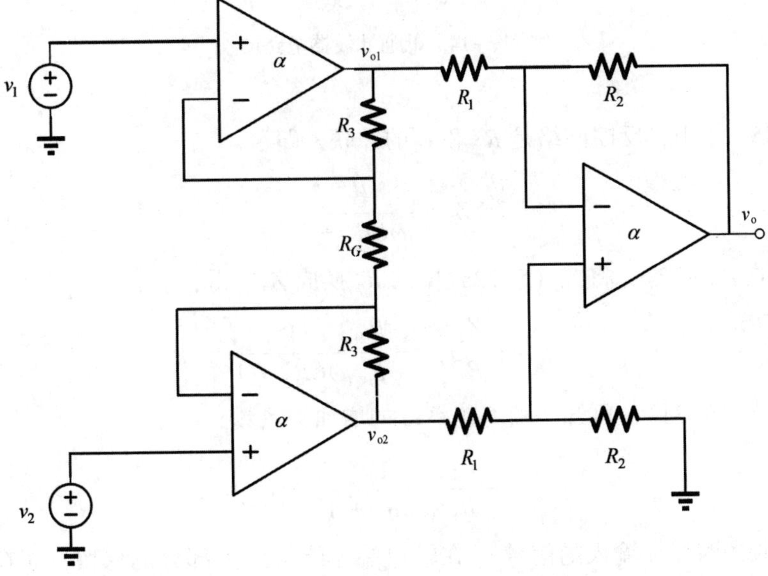

图 5-13　基于三个运算放大器的仪器仪表运算放大器

实际应用中，差分放大电路、仪表放大电路等是具有更高性能优势的放大电路，其在抗信道干扰、信号转换等方面常被应用，感兴趣的读者自行学习相关材料。

5.4.2 信号滤波

从数学视角看，放大模型其实只是在实数域上的讨论，对应到电子电路理论相当于纯电阻放大电路。滤波是对某些频率成分的波信号进行保留或去除的操作，本身是频域上的问题，所以要充分考虑信号的波动特性，需要引入复数域的讨论，以给波动量更好的表达，才能同时准确地描述信号的增益和相移变化，才能对信号进行有针对性的保留和去除。所以，图 5-7 中的反馈系数 β 应该是一个复数，同时包含对信号幅度和相位的控制，而这个 β 应该是信号频率的函数，意为不同频率的信号的幅度和相位变化是不同的。

根据滤波器的幅度-频率响应，一般可将滤波器分为低通滤波器、高通滤波器、带通滤波器和带阻滤波器。也将有幅度不受影响，只有信号的相位受影响的滤波器，称为相移器。图 5-14 给出低通滤波器的例子。

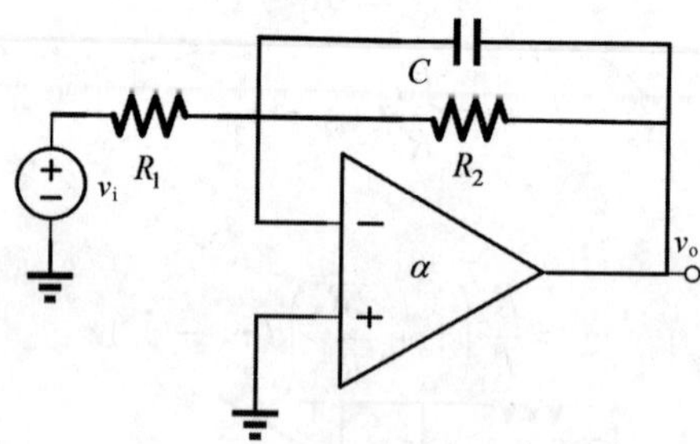

图 5-14　低通滤波器电路图

在图 5-14 中，反馈网络是 R_2 和 C 的并联，即

$$Z_2 = \frac{R_2}{j\omega CR_2 + 1} \tag{5-30}$$

对比式（5-22），将式（5-22）中的 R_2 换成 Z_2，得，

$$v_o = -\frac{Z_2}{R_1}v_i = -\frac{R_2}{R_1}\frac{1}{j\omega CR_2 + 1}v_i \tag{5-31}$$

分析式（5-31），可知，随着频率 ω 的增加，系数

$$-\frac{R_2}{R_1}\frac{1}{j\omega CR_2 + 1} \to 0 \tag{5-32}$$

只有在低频的时候，输入的信号 v_1 在输出端才能得到大部分的保留，而在高频时，输出端的响应很小，几乎为零，相当于去除了高频信号部分，只保留了低频信号部分，这就是低通滤波。对于高通滤波，有如图 5-15 所示例子。

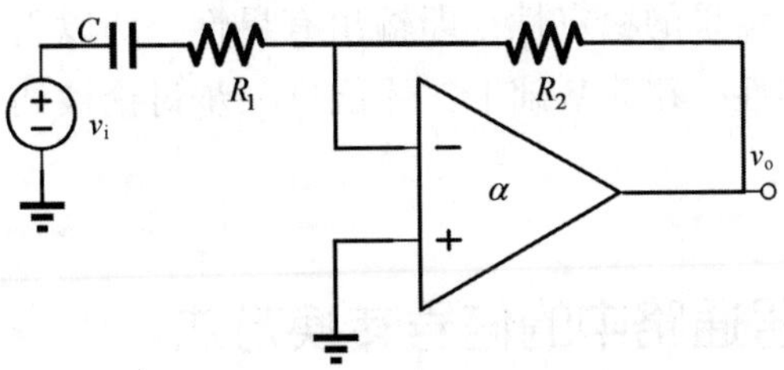

图 5-15　高通滤波器电路图

图 5-15 的电路分析与图 5-14 一样，令

$$Z_1 = R_1 + \frac{1}{j\omega C} \tag{5-33}$$

令 Z_1 代替式（5-22）中的 R_1，可得

$$v_o = -\frac{R_2}{Z_1}v_i = -\frac{R_2}{R_1}\frac{j\omega CR_1}{j\omega CR_1 + 1}v_i \tag{5-34}$$

分析式（5-34）可知，只有在高频的时候，输入端信号 v_i 在输出端才能得到大部分保留，频率很低的时候，信号 v_i 将被严重衰减，这是一个典型的高通滤波器。下面给一个相移器的例子，如图 5-16 所示。

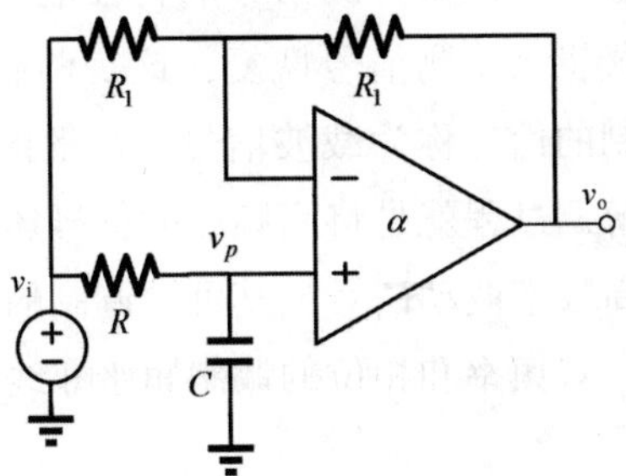

图 5-16　相移器电路图

利用“虚短”和“虚断”的特性，不难分析得到

$$v_o = \frac{1 - j\omega CR}{1 + j\omega CR}v_i \tag{5-35}$$

式（5-35），v_o 和 v_i 的幅度没有发生变化，但二者之间的相位会发生移动，在 R 和 C 固定的情况下，相位移动量取决于信号的频率，当 $\omega = 1/RC$ 时，v_o 将滞后 v_i 相位 90°。

以上，利用负反馈控制模型为读者介绍了传感器信号通路设计中的信号放大和滤波的原理。以电子电路系统为例，介绍了同相放大、反相放大、电流放大等放大电路实例，又讲解了低通、高通、相移等典型滤波器电路。需要指出的是，传感器信号通路设计是一种“信道设计”层面的工作，相当于设计一个泛函映射，首先要保证输出结果的稳定性，即输出有界性，所以引入负反馈控制模型来保证这种输出的有界性。在此基础上，才能进一步讨论被调理信号的分辨率和精度水平等指标。

5.5 传感器信号通路中的信号转换方法

不同形态的信号在传感器信号通路中的传输性能是不同的，比如交流信号就比携带相同信息的直流信号的抗干扰能力更强；电流信号在恶劣工业现场条件下的抗干扰能力比电压信号更强，被测量在零附近变化时最敏感，有更高的分辨率；数字信号传输得更远等。传感器信号通路中信号转换的方法包括很多常用的方法技术，比如调制解调、平衡电桥、数字-模拟转换、模拟-数字转换、电压-电流转换、电压-频率转换等。

5.5.1 调制与解调

待测信号本身由于某些特点不能在通路传输中保持特征，一种解决方法就是将其特征调制到某个载波信号上，使得待测信号的特征能够尽可能被保护，通路传输结束后，再通过解调的方式将该待测信号恢复，这是调制与解调。一般对待测量信号称为基带信号，对被调制的信号称为载波信号。一般的调制过程都是将基带信号的频谱向高频段搬移，而解调过程就是将高频段的信号还原到基带。

载波信号一般是一个高频率波动信号，其可被调制的参数有幅度、频率、相位，对幅度的调制是线性调制，对频率和相位的调制属于非线性调制（角度调制）。

1）幅度调制与解调

令复数信号 $s(t)$ 为基带信号，$\mathrm{e}^{j2\pi ft}$ 为载波信号，则调制过程为

$$s_{\mathrm{a}}(t) = s(t)\mathrm{e}^{j2\pi ft} \tag{5-36}$$

利用傅里叶变换的移动定理，可知 $s_{\mathrm{a}}(t)$ 相比 $s(t)$ 发生了频率移动，移动的大小为 f。于是，基带信号被搬移到了载波频段，具有了载波频段的性质，比如易于无线发送等。

解调过程也很简单，将频谱再平移回基带即可，如下式

$$s(t) = s_{\mathrm{a}}(t)\mathrm{e}^{-j2\pi ft} \tag{5-37}$$

当然，实信号也可以利用 $\cos 2\pi ft$ 的形式进行调制和解调，实际应用中也是这样做的，利用复数表达一般是为了更简洁方便。幅度调制与解调过程如图 5-17 所示。

在实际的基于电子技术的幅度调制与解调设计中，信号都是实数的，还会涉及边带问题，需要额外增加低通滤波等环节，才能保证正常工作。

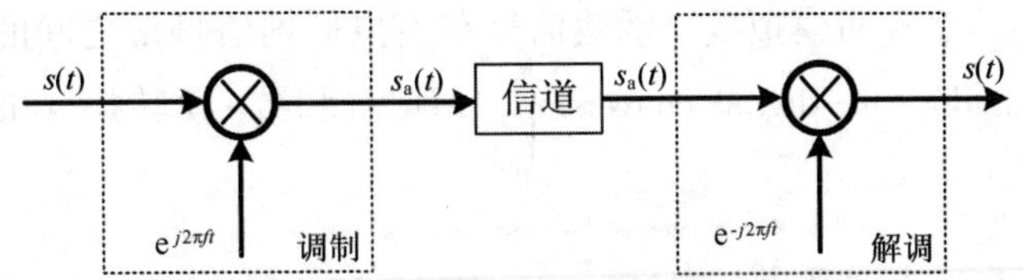

图 5-17　幅度调制与解调模型

2）频率调制与解调

对一个波动信号，它的相位和频率有如下关系

$$f(t) = \frac{\mathrm{d}\varphi(t)}{\mathrm{d}t} \tag{5-38}$$

所以，令基带信号为 $s(t)$，则用其对一个载波信号的频率进行调制，会有如下表达

$$s_{\mathrm{f}}(t) = \mathrm{e}^{j\left(2\pi ft + K_{\mathrm{f}}\int_{-\infty}^{t} s(\tau)\mathrm{d}\tau\right)} \tag{5-39}$$

式中，$s(t)$ 是实信号；K_{f} 是一个常数。

对式（5-39）中的相位按时间求导，得

$$f(t) = \frac{\mathrm{d}\varphi(t)}{\mathrm{d}t} = 2\pi f + K_{\mathrm{f}}s(t) \tag{5-40}$$

即被调制后的信号频率是在原频率基础上，按基带信号 $s(t)$ 的幅度进行变化。频率调制相当于建立一个实时幅度（电压）和频率之间的关系，所以一般会利用压控振荡器（voltage controlled osillator，VCO）、鉴频器（phase detector，PD）为核心器件的涉及频率、电压的反馈控制回路技术，也就是锁相环技术（phase locked loop，PLL），去承载频率调制和解调任务。

频率调制与解调方案相对比较复杂，这里，考虑章节整体平衡，不做详细介绍，感兴趣的读者可自行参考相关材料。这里需要指出的是，频率调制和解调的信号传输机制本质是将信息变换到波动的频率上，对声来说就是音调，这种基于音调高低变化的信息传输在自然界是很常见的，在第 4 章讲解的啁啾信号测距模型就是一个典型的频率调制方案的应用，也是水声测距最有效的方案之一。

5.5.2　数字量信号形式

数字量在信号传输上有很大的抗干扰、抗衰减优势，数字量也是 CPU 等处理器唯一能处理的信号形式，数据的存储也主要以数字信号形式存在。

从传感器信号通路设计上来看，一般从物理世界得到的信号最初形式是模拟量，为了方便信号的传输和处理，必须能够对其进行信号形式的转换，从模拟量变成数字量。从另一个角度来看，很多场景中，处理后的数字信号需要去控制或驱动执行器，于是必须将其变换回模拟量。承载信号在模拟量到信号量之间的变换的技术就是模-数转换（analog-to-digital conversion，ADC）和数-模转换（digital-to-analog conversion，DAC）技术。

1）数字信号形式的优势

假如传感器信号通路中需要传输 8 V 的信号，要求信号衰减不能高于 1 V，即需要保证 12.5%的相对精度。但是如果将其转换为三位数字信号来表示，比如用 111 来表示 8 V，110 表示 7 V，按如此规律将 8 V 信号以 1 V 的分辨水平分配到了三位数字信号上，其传输示意图如图 5-18 所示。

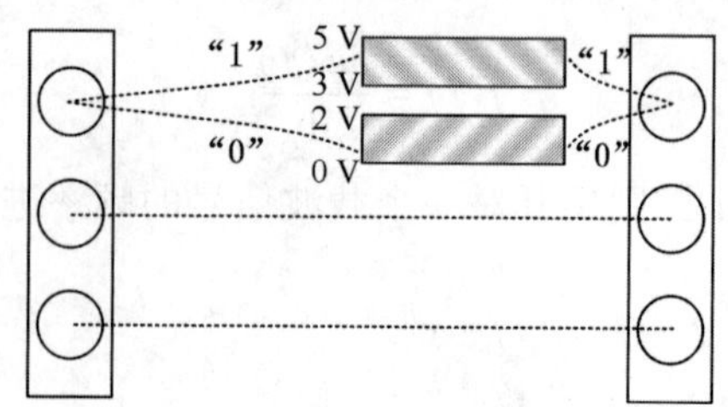

图 5-18　数字信号的抗衰减优势

在图 5-18 中，每一位数字信号中的“1”用 3～5 V 高电平表示，“0”用 0～2 V 的低电平表示，则每一位数字有 40%的冗余保证信息的准确，可以明显看到数字信号比模拟信号传输更可靠。相似的道理，在数据的处理与存储上，这种数字信号形式也更为可靠。

2）数字信号的承载技术

任何能表示二进制数字的技术形式都可以用来承载数字信号，比如开关、二极管等。从利于控制、集成、速度等原因考虑，三极管是承载这种数字信号形式的首选技术。以 CMOS 三极管为例，如图 5-19 所示，在所示电路中，如果保证

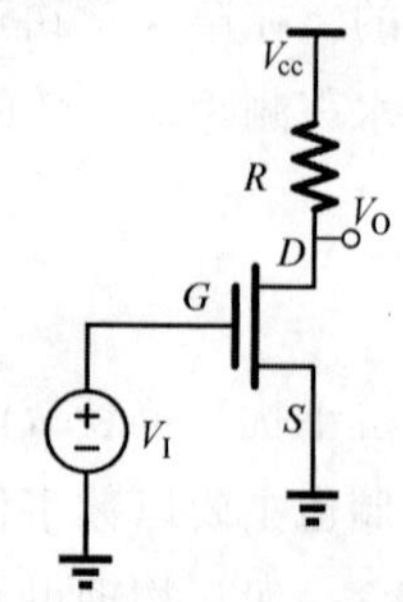

图 5-19　CMOS 三极管电路

$$\begin{cases} V_{GS} > V_T \\ V_{GS} > V_{DS} - V_T \end{cases} \tag{5-41}$$

三极管即工作在导通状态，如果保证

$$V_{GS} < V_T \tag{5-42}$$

三极管则工作在截止状态，这里 V_T 是三极管的阈值电压，可以认为是一个小于 1 V 的常数。这两种状态可以用来代表数字信号的“0”和“1”，如图 5-20 所示。

如图 5-20 所示，导通状态时，输出 V_O 几乎等于 0 电位，这里导通电阻 R_{on} 是一个非常小的电阻；而截止状态时，输出 V_O 被拉升到高电平 V_{cc} 。

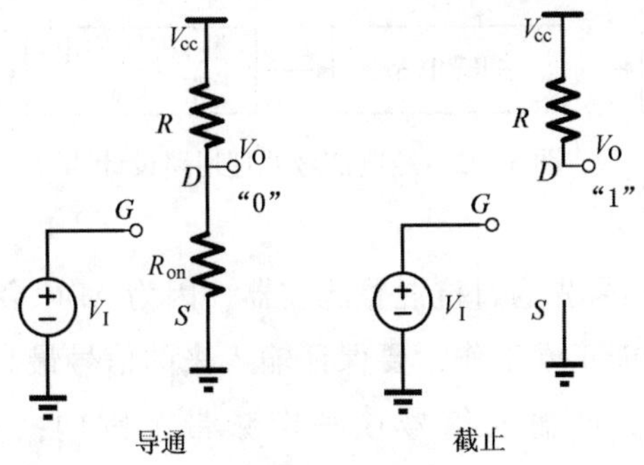

图 5-20　CMOS 三极管的导通和截止两种状态电路

例 5-2　如图 5-21 所示的三极管电路所代表的布尔逻辑运算表达式是什么？

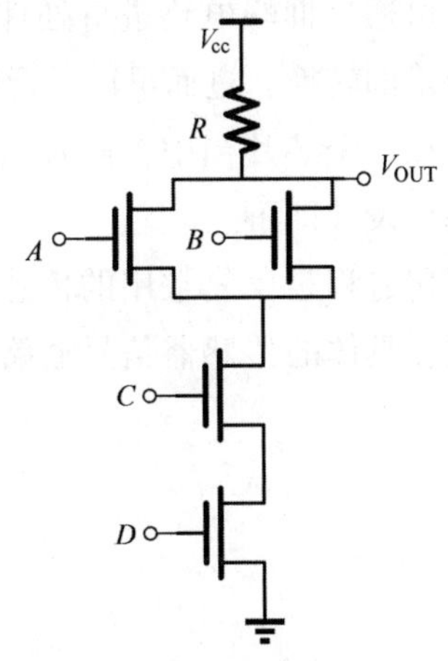

图 5-21　多个三极管组合形成的布尔逻辑电路

解：三极管并联时，只要有一个导通，并联整体就导通，是“或”的关系；三极管串联时，两个都导通，串联的整体导通，是“与”的关系；而单个三极管的输入和输出的关系是“非”，于是，此逻辑电路所代表的逻辑表达式为

$$V_{\mathrm{OUT}} = \overline{(A + B)CD} \tag{5-43}$$

例5-2给出了基于三极管电路进行的数字逻辑运算，这是数字信号处理的计算机基础，进一步的深入学习，请读者自行参考相关资料。

3）传感器信号通路中信号的数字化和模拟化过程

传感器信号通路设计中最经典的信号处理路线如图5-22所示。

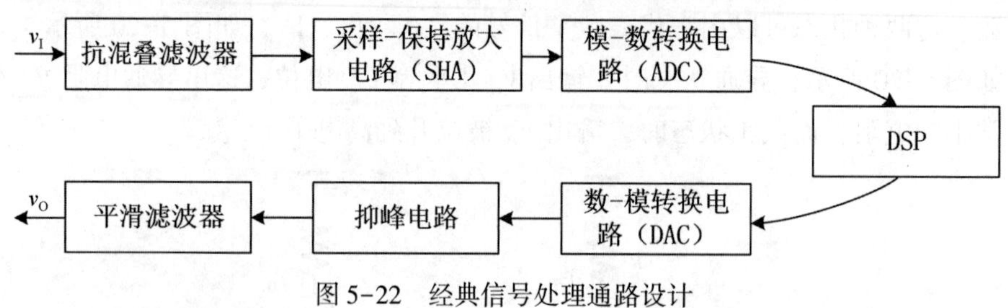

图5-22　经典信号处理通路设计

图5-22中，输入信号先通过抗混叠滤波器，因为ADC会工作在每秒f_s次的采样速率上，为了保证其能正常工作，要保证输入来的信号最高频率不超过$f_s/2$，所以利用抗混叠滤波器保证输入信号在一定频带范围内；采样-保持放大电路（sample-hold amplifier，SHA）保证进入到ADC的模型量是稳定的，不是瞬变的；ADC完成模拟量向数字量的转换，进入DSP（数字信号处理器）中进行计算处理，完成数字信号计算处理后，通过DAC完成数字量向模拟量的转换；转换过程中，难免会有边沿突变带来的峰值，可通过抑峰电路进行处理，最后将阶梯形的信号再通过平滑滤波电路，完成向模拟量的转换，进而可以进行驱动、控制等操作。图5-22的所有功能目前一般也会集成在一个芯片当中，读者只要认真研究对应芯片的数据手册，按照数据手册的要求进行设计即可。

以上信号的数字化和模拟化过程是反复常用的传感器信号处理模型，读者应该对此模型有一定的理解，并能在具体的传感器信号通路设计中，利用此模型指导细化设计工作。

5.5.3　电桥

1）传感器电桥

电桥也是传感器信号转换的一种技术方法，一般用来对电阻、电容、电感等参数的微小变化进行测量，典型输出为电压。电桥的另一个好处是将待测量无变化时的传感器输出调为零，也就是平衡状态，这种基于破坏平衡而产生的测量值往往会带来更优异的灵敏度和精度水平，相当于强制将共模信号压制为零。关于共模和差模信号的介绍请读者回顾第 4 章关于双积分方法测角内容的介绍。如图 5-23 所示为基于仪表放大器的电桥放大电路。

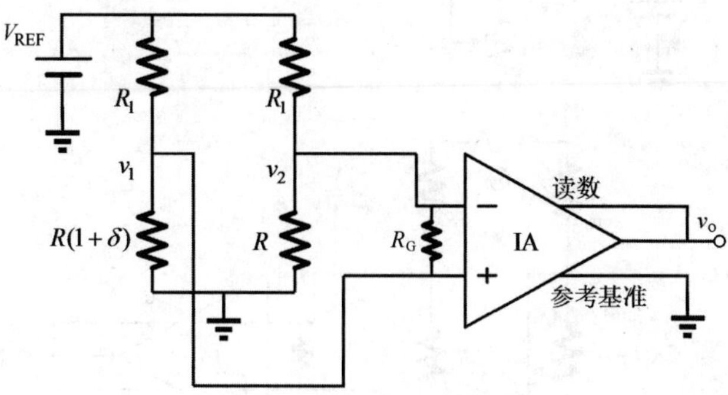

图 5-23　传感器电桥放大电路

经过分析计算，可知

$$v_1 = \frac{R}{R + R_1}V_{REF} + \frac{\delta V_{REF}}{2 + R_1/R + R/R_1 + (1 + R/R_1)\delta} \tag{5-44}$$

$$v_2 = \frac{R}{R + R_1}V_{REF} \tag{5-45}$$

这里，

$$\delta = \frac{\Delta R}{R} \tag{5-46}$$

v_1 和 v_2 进入到仪表放大器差分提取 $v_1 - v_2$，有

$$\begin{aligned} v_O &= A(v_1 - v_2) \\ &= A\frac{\delta V_{REF}}{2 + R_1/R + R/R_1 + (1 + R/R_1)\delta} \end{aligned} \tag{5-47}$$

于是，建立起了测得电压 v_O 和 δ 之间的关系，即通过测得 v_O，即有 δ，这里 A 是仪表放大器的放大倍数。如果待测量很小，使得 $\delta \ll 1$，且设定 $R = R_1$，可得线性的、简化的测量表达式

$$v_O = \frac{AV_{REF}}{4}\delta \tag{5-48}$$

2）电桥校准

在实际电桥电路设计中，所使用的电阻不可能完全一致，必须通过引入变阻器的方式人为调整到电桥平衡。这个过程中需借助第三方仪器实时反馈给出偏差反馈，根据偏差大小人为对变阻器介入的部分进行调整，直至电桥平衡。调整电路如图 5-24 所示。

图 5-24 电路中，除了变阻器 R_2 外，还有变阻器 R_3，它主要起到控制加载到电

桥上的电压值，降低 V_{REF} 的波动对电路的影响。

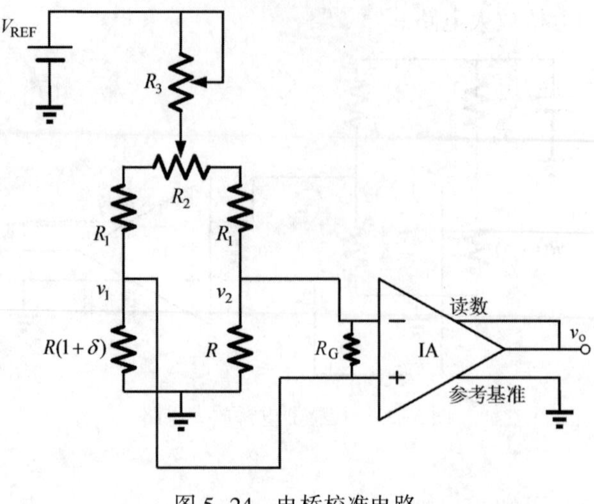

图 5-24　电桥校准电路

3）电桥线性化

由式（5-47）的结果可以看出，被测量 ΔR 并没有线性地表达在测量表达式中，这是传感器设计中应该避免或者修正的。一个重要原因是电桥的两个节点电压 v_1 和 v_2 没有钳制在零电位，如果通过某种设计改良，使 v_1 和 v_2 一直钳制在零电位，会有更好的线性表达。

如图 5-25 所示，v_1 和 v_2 的电压一直被钳制在零，基于这个性质，容易推导测量表达式为

$$v_O = \frac{R_2 V_{REF}}{R_1}\delta \tag{5-49}$$

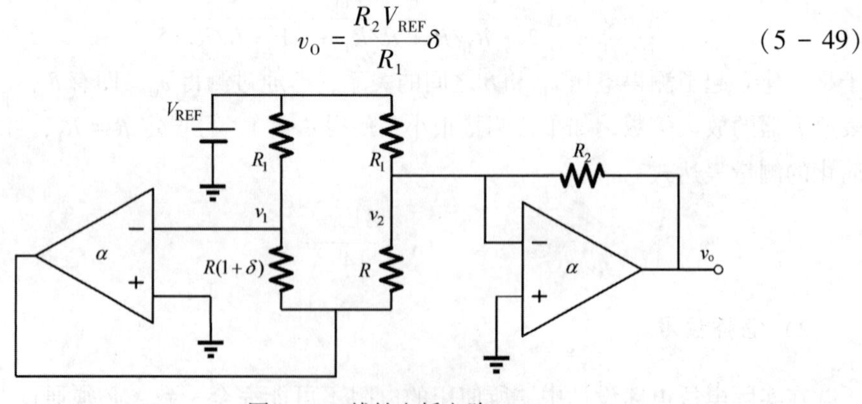

图 5-25　线性电桥电路

当然，电桥电路的形式有很多种，各有适用性的差别，但这种测量思想或者信号转换方式有其独到之处，在温度测量、压力测量等应用中发挥了重要作用。

5.5.4　电压–电流转换电路

在很多应用中，需要将电压信号转换为电流信号，使信号转变为穿过量在长导线中传输，或进行电阻参数相关的传感信息采集，这种转换电路也称跨导放大器。

1）浮动负载电压–电流转换电路

调整负反馈放大电路中负载的位置，可实现负载中电流可被电压控制的电路。下面给出常用的浮动负载电压–电流转换器电路图，如图 5–26 所示。

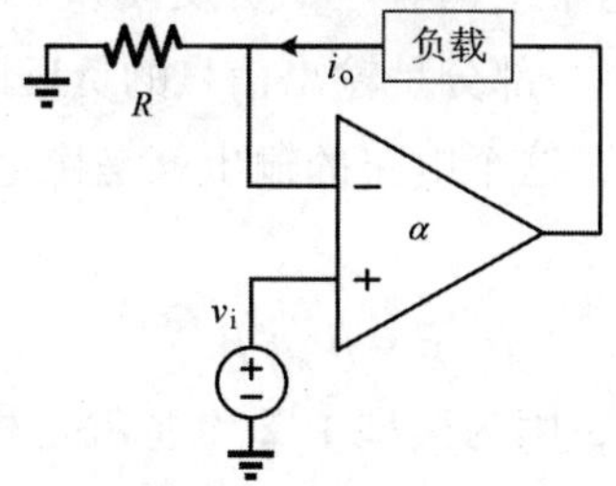

图 5–26　浮动负载电压–电流转换器

易得

$$i_o = \frac{v_i}{R} \tag{5 - 50}$$

请读者思考，如果需要改变图 5–26 所示电流的方向，电路应该如何修改？

2）接地负载电压–电流转换电路

当负载一端限制住接地时，提供恒流或电流被电压控制的电流的电路如图 5–27 所示。这个电路因发明者而得名 Howland 电流泵。

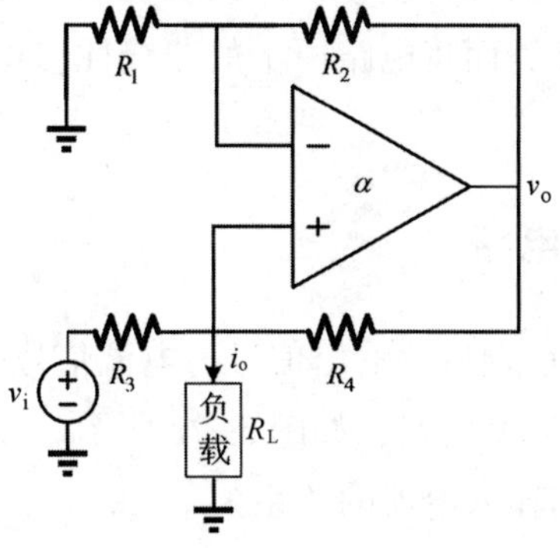

图 5–27　Howland 电流泵

该电路当满足

$$\frac{R_4}{R_3}=\frac{R_2}{R_1} \tag{5-51}$$

时，可得

$$i_o=\frac{v_i}{R_4} \tag{5-52}$$

这是一个过负载电流只受输入端电压控制的电路。

可以从两个层面看这个电路结构上的特点，首先它可看作在一个平衡电桥内部放置了一个放大器，其次是这个结构有一个负反馈和一个正反馈，也就是图 5-7 中的反馈系数β有两部分构成，一部分是输出信号的负反馈β_+，一部分是输出信号的正反馈β_-，只要负反馈占优，这个电路的输出就是稳定的，而两个反馈系数之和是总的反馈系数，即

$$\beta=\beta_-+\beta_+ \tag{5-53}$$

式中，负反馈系数用β_+表示，因为模型中Σ本身就是相减操作，所以对应的β_-表示正反馈系数。

于是，不难分析图 5-27 电路中，负反馈系数为

$$\frac{R_1}{R_1+R_2} \tag{5-54}$$

正反馈系数为

$$\frac{R_3\parallel R_L}{R_3\parallel R_L+R_4} \tag{5-55}$$

结合式（5-51）对电桥平衡的要求，可知，正反馈一定是小于负反馈的，这样 Howland 电流泵可以稳定工作。

对 Howland 电流泵的分析涉及正反馈和负反馈。在实际应用中，正反馈常用来产生震荡，很多信号发生电路都是基于正反馈实现的；另一方面，正反馈可以通过实时改变修正总反馈系数β，而将电路原本的非线性修正为线性，或者原本的线性修正为稳定（常量）输出。

5.5.5 电流-电压转换电路

电流-电压转换一般在前端传感输出信号为电流信号时使用，也叫跨阻放大器。下面给出常见的电流-电压转换电路，如图 5-28 所示。

不难分析，输出电压与输入电流的关系为

$$v_o=-i_oR \tag{5-56}$$

在实际应用中，会希望跨阻 R 很大，以提高电流检测的灵敏度，可以利用 T 型电阻网络等效实现大跨阻，如图 5-29 所示。

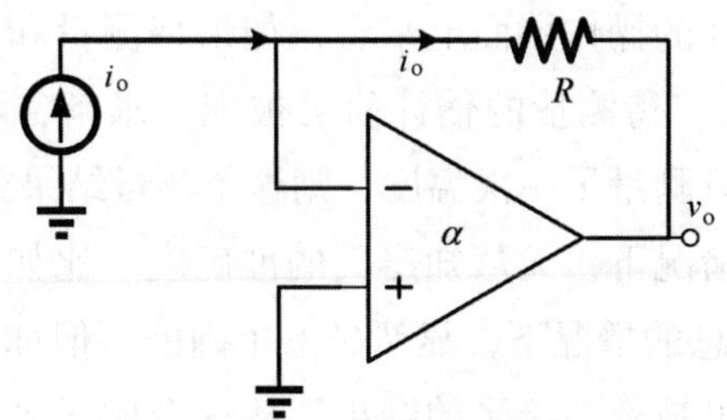

图 5-28　电流-电压转换电路

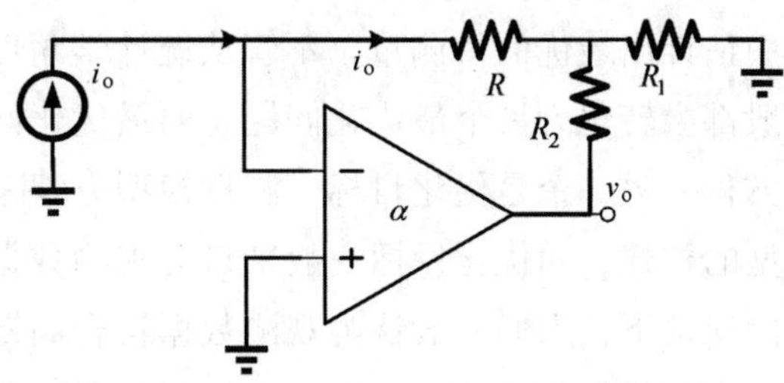

图 5-29　T 型网络跨阻电流-电压转换电路

此时，输出与输入的关系变为

$$v_o = -ki_oR \tag{5-57}$$

式中

$$k = 1 + \frac{R_2}{R_1} + \frac{R_2}{R} \tag{5-58}$$

通过合理选择阻值，可以利用相对小的电阻得到大的等效跨阻。

5.6　传感器测量结果的常用估计方法

信号从自然科学效应发生后传输进传感器信号通路，在人为精心设计的信号通路中，会得到放大、滤波、调制、解调、数字化、模拟化等一系列调理和修整，然后作为一次测量结果呈现出来。

如果测量模型是恒等映射，或者说观测值直接就是待测量，这个测量结果可被直接当作最终结果使用，这称为直接测量。而很多测量模型并不是恒等映射，观测值和待测量之间有一个函数关系，或者是泛函关系，就必须通过观测值来估计被测量，这称为间接测量。不管是直接测量还是间接测量，估计方法一般都作为传感器通路设计中的最后一环对待测量结果进行最优计算。在很多传感器研究中，估计方法常常也是最核心的研究内容，比如第 3 章、第 4 章讲解的各种模型及计算问题，从信号通路的环节上来看，其研究内容都应该归类为间接测量的估计环节。

从测量结果具体估计的操作层面上来看，如果待测量和观测值之间的关系是一个有唯一解的方程（组），待测量的估计值可被唯一求解，不管满意与否，这是能得到的唯一结果。比如只测量了一次温度，则这个测量结果就是唯一能接受的结果，在没有任何先验信息的情况下，无从知道其的准确度。比如测得是体温，给出的结果是45℃，在有先验信息的情况下，显然是不正确的，但如果没有对人体体温的先验经验，这个结果就是可被唯一接受的结果。从这个例子来看，一般传感器的测量结果估计不会采用这么“不靠谱”的方法，而是进行大量的测量，在大量观测数据的基础上对待测量的结果进行估计，这会给出更满意、更准确的结果。

从大量观测数据中估计出最优的待测量，不管从统计学角度分析，还是从解超定方程角度去看，一般都会转化为一个最优化问题。而最优化问题一般包括两个要素：一个是测量模型方程，另一个是优化目标。测量模型方程来自对自然科学效应的量化建模和测量模型的构建，而优化目标一般来自对观测数据概率分布的先验认知。在中心极限定理的保证下，人们一般认为观测数据符合高斯分布，基于高斯分布构建优化目标，进而实现最优化估计，这种方法称为最小二乘估计；如果对观测数据有一定的先验认知，比如认定其符合泊松分布，则可依照泊松分布的函数模型构建优化目标，进行最优化估计解算，这种考虑观测数据概率分布已知或人为可猜测的估计方法，称为最大似然估计。

以上分析一般针对静态离散量，或者说被估计的待测量是一个或几个实数。如果被估计的量是一个随着空间或时间分布的曲线（面），这种对函数分布的估计一般可用变分法去完成，变分法一般解决可用微分方程或积分方程表达的测量模型；如果观测数据是动态更新的，被测量也是动态变化的，卡尔曼滤波方法则是比较有效的方法，虽然被称为滤波方法，其也可被看作是一种对动态量的估计方法。一般海洋探测中的待测量会动态变化，观测数据也会实时更新，比如波浪测量中，待测量是浪高、周期等波浪参数，观测数据是加速度值，也处在实时更新状态，这种测量场景就比较适合利用卡尔曼滤波器进行结果估计。

5.6.1 最小二乘估计

建立一个间接测量模型

$$x = g(\theta) \tag{5-59}$$

式中，x 是观测量；θ 是待测量。如果得到一个观测数据集

$$\{x_1, x_2, \cdots, x_N\} \tag{5-60}$$

即进行了 N 次测量。从 N 次测量中，如何得到某种评价标准下的最优估计 $\hat{\theta}$，这取决于如何设定这个优化问题的优化目标。

最小二乘估计方法认为，如果将待测量 x 看作服从高斯分布的随机变量，那么

式（5-60）所示的数据集应该是集中在某高斯分布的最中间区域，令观测数据集每个随机变量服从

$$f_x(x)=\frac{1}{\sqrt{2\pi\sigma^2}}\mathrm{e}^{\frac{-[x-g(\hat{\theta})]^2}{2\sigma^2}} \tag{5-61}$$

且是独立同分布的，则所有观测数据的联合概率分布应该是

$$\begin{aligned} f_{x_1,\cdots,x_N}(x_1,\cdots,x_N) &= \left(\frac{1}{\sqrt{2\pi\sigma^2}}\right)^N \prod_i^N \mathrm{e}^{\frac{-[x_i-g(\hat{\theta})]^2}{2\sigma^2}} \\ &= \left(\frac{1}{\sqrt{2\pi\sigma^2}}\right)^N \mathrm{e}^{\frac{-\sum_i^N [x_i-g(\hat{\theta})]^2}{2\sigma^2}} \end{aligned} \tag{5-62}$$

如果认为观测数据集应该集中在联合概率分布的最中心区域，也就是概率最大区域，则有

$$\min\sum_i^N [x_i-g(\hat{\theta})]^2 \tag{5-63}$$

于是，以式（5-63）为优化目标进行最优化解算，即可得到最优估计 $g(\hat{\theta})$ 。如果待测量是多维的，令

$$\hat{\theta}=(\theta_1,\cdots,\theta_M) \tag{5-64}$$

式（5-63）同样适用，只不过变成一个多目标优化问题。

关于最小二乘的解法，一般低维度直接可以用矩阵解法，可直接将解显性表达，高维度的情况也可以用梯度下降法等迭代方法求解。不同的解法，涉及的运算效率不同，这不在本书讨论范畴。

例 5-3　温度传感器对海水温度进行测量，连续测量 N 次，得到观测数据集 $\{x_1, x_2, \cdots, x_N\}$ 。已知该测量模型为直接测量，即待测量和观测值是恒等关系。求本次海水温度测量的最小二乘估计。

解：令待测量温度为

$$y=x \tag{5-65}$$

这里 x 是观测数据。按照最小二乘原理，该数据集的最小二乘估计的优化目标函数为

$$\min\sum_i^N (x_i-\hat{y})^2 \tag{5-66}$$

式中，$\hat{y}$ 是待测量的最优估计。求解该式，可求其导数，并令其为 0，如下

$$\frac{\partial\left[\sum_i^N (x_i-\hat{y})^2\right]}{\partial\hat{y}}=0 \tag{5-67}$$

整理，得

$$\hat{y} = \frac{1}{N}\sum_{i}^{N} x_i \tag{5-68}$$

不难发现，对于直接测量的最小二乘估计就是对观测数据取平均值。

5.6.2 最大似然估计

最大似然估计可以理解为最小二乘估计的一般化方法，它没有“武断地”认为观测数据服从正态分布，比如投掷硬币的问题，服从的是二项分布。也就是说，对观测数据集的分布有区别于正态分布的先验认识，可能是泊松分布、二项分布、均匀分布，或者任何无法解析表达的分布等，那么在构建优化目标时，就会有所区别。这里，再次利用式（5-59）的模型来分析。

如果认为观测数据 x 服从的分布如下

$$x \sim f(x) = f(g(\theta)) \tag{5-69}$$

那么观测数据集 $\{x_1, x_2, \cdots, x_N\}$ 服从的分布应该如下

$$\{x_1, x_2, \cdots, x_N\} \sim \prod_{1}^{N} f(x) = \prod_{1}^{N} f(g(\theta)) \tag{5-70}$$

而数据集 $\{x_1, x_2, \cdots, x_N\}$ 是实实在在测得的数据，认为其应该发生在概率最大处，即

$$\max \prod_{1}^{N} f(g(\theta)) \tag{5-71}$$

这就是最大似然估计的优化目标。

一般求解式（5-71），可利用费马定理求得

$$\frac{\partial\left(\prod_{1}^{N} f(g(\hat{\theta}))\right)}{\partial\hat{\theta}} = 0 \tag{5-72}$$

此时求得的 $\hat{\theta}$ 为最优待测量估计。

最小二乘估计和最大似然估计都基于一个思想，即既然大量地测量到了这些观测数据，就认为它们是最应该发生的，或者说它们应该出现在它们所服务的概率密度函数的最大值处，此时对应的 θ，即 $\hat{\theta}$ 就是最优的估计结果。

5.7 海洋传感器设计举例

海洋物理参数当中，温度是非常重要的一个参数，是海洋调查的主要工作之一。CTD 是最具代表性的海洋调查仪器，负责测量海水的温度、盐度和深度（压力），其中的温度传感器精度水平是一个非常重要的参数。针对温度测量问题，铂电阻的

阻值会随着温度改变而变化，是目前温度传感器中最稳定的一种，所以利用铂电阻进行温度传感器开发是一个非常有代表性的测温方案。

5.7.1　铂电阻测温效应

金属的阻值一般随着温度的升高而变大，也就是正的电阻温度系数（3 000~7 000×10⁻⁶/℃）。铂是众多金属中测温性质最好的一种金属，它有以下特性：

（1）非常高的熔点，化学性质和电学性质非常稳定；

（2）延展性好，容易加工成细小的金属丝；

（3）电阻-温度关系的线性性很好。

铂电阻有很多产品形式，其大小、形式和电阻基本一致。常见的铂电阻的标称电阻值为 100 Ω，也就是说在 0℃时，它的阻值是 100 Ω。它的阻值与温度的关系在 0~600℃范围内如下式表达

$$R_t = 100(1 + 3.908\,02 \times 10^{-3}t - 0.580\,195 \times 10^{-6}t^2) \qquad (5-73)$$

式中，t 是温度值；R_t 是 t 时刻的电阻值。

如 5.2.1 节介绍，以上就是利用铂电阻进行温度测量时，所遵循的自然科学效应，它只能利用，不能改变。

5.7.2　铂电阻温度传感器信号通路设计

从铂电阻所遵循的自然科学效应特点分析，温度的变化会改变它的电阻，所以在传感器信号通路设计时，应该考虑如何准确测量其电阻值。根据前文的介绍，可以有如下两个方案去考虑电阻的精确测量。

1）恒电流测温信号通路设计

恒流方案思路是：设计一个恒流穿过铂电阻，如果铂电阻阻值变化，则其变化量会反映在电阻两端的电压上，再对该电压值进行放大等处理，通过一定的估计方法可得到待测温度。

如图 5-30 所示，利用电压-电流转换电路，将电压基准 V_{REF} 转换为穿过铂电阻的恒流，则铂电阻两边的电压变化就反映了铂电阻阻值的变化。铂电阻两边的电压与基于 V_{REF} 的分压做代数计算，可得到 v_{o1}，再经过后续的反向放大电路，即可得到 v_o。根据式（5-73），可以确定一个关于观测数据 v_o 和温度 t 的函数关系，可表示为

$$v_o = g(t) \qquad (5-74)$$

通过大量观测数据 v_o，通过最小二乘估计等估计方法，可得到最优待测量的估计值 $\hat{t}$。严格地讲，此处并不需要 $R_2 \sim R_4$ 形成的分压支路，也能完成测量，这里利用此

分压支路去平衡掉了式（5-73）中的常数项，保证待测量温度为 0℃时，v_{o1} 也为 0 V，尽量消除掉有值常量的波动对测量结果的影响。

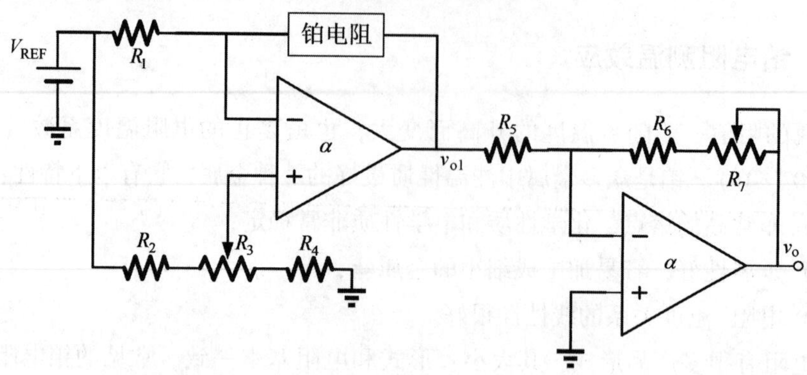

图 5-30　恒流方法的铂电阻测量电路图

如果该信号通路后面并没有 ADC、DSP 等数字化处理过程，其测温效应自带的非线性对测量结果影响还是比较大的，尽量通过信号通路自身设计将观测数据 v_o 和待测量 t 的关系维持在线性关系上，或者说实时补偿到线性关系上，将省去复杂的估计过程，可直接将 v_o 转化显示为温度值，这对测量结果的显示会带来很大的方便。考虑去非线性化的电路如图 5-31 所示。

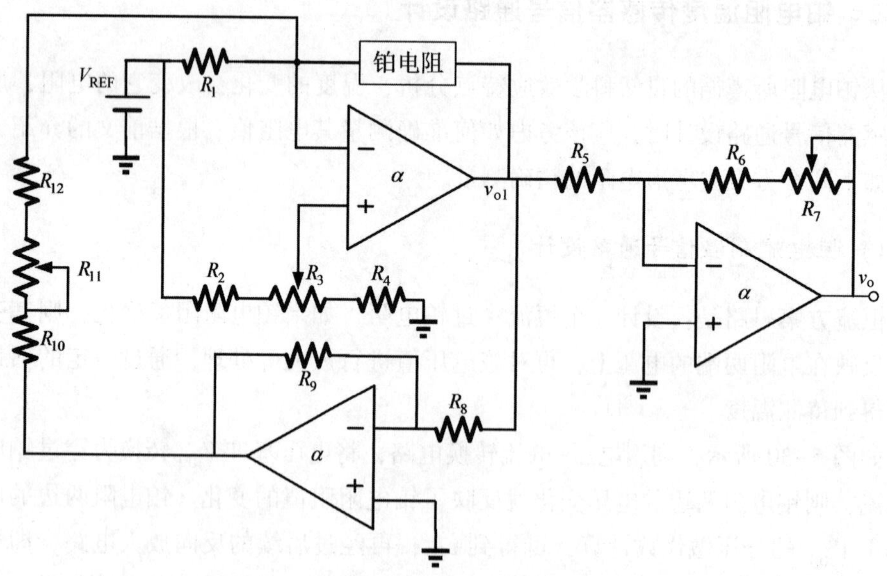

图 5-31　利用正反馈线性化电路

如图 5-31 所示，在图 5-30 电路基础上，增加一条正反馈回路。也就是说，除了铂电阻所在的负反馈回路外，另外增加一条正反馈回路，调整正反馈回路的反馈系数大小，可以对铂电阻对温度的非线性响应进行压制。正反馈回路提供额外的非线性效果，经过适当的参数调整，可以对铂电阻本身的非线性进行抵消。

如上，经过去常数项、去二次项（非线性）的处理，观测值 v_o 就会近似变成与待测量温度 t 为线性关系的量，直接用此数据去显示即可比较准确地表达待测量温度。

2）恒电压测温信号通路设计

如图 5-32 所示，另一种传感器信号通路构建思路是基于电桥，将铂电阻放在电桥的一臂，利用仪器仪表放大器 IA 对铂电阻阻值变化引起的失衡电压进行测量。与恒流方法一样，恒压方法是通过恒定电压 V_{REF} 提供电桥平衡，如果 IA 后接 ADC 等数字量处理电路，可直接利用式（5-73）建立观测值 v_o 和待测温度 t 的关系，再利用估计方法进行最优结果估计。

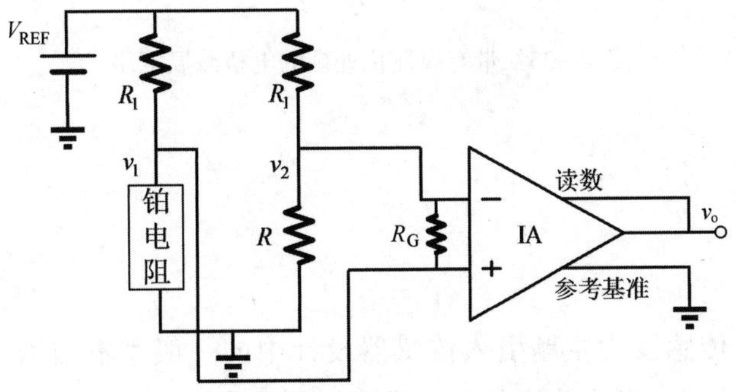

图 5-32　电桥铂电阻测温传感器电路

如果希望通过添加一条正反馈通路进行非线性抑制，以使得观测数据 v_o 可直接线性地反映温度值，做法与恒流方法相似。实际上，图 5-32 电桥电路本身就有非线性，再加上铂电阻测温效应本身的非线性，更需要进行适当的线性化处理，如图 5-33 所示。

如图 5-33 所示，输出 v_o 会带动 V_{REF} 电位提升，进而进一步带动 v_o 提升，这本身就是一个非线性过程。通过适当调整额外引入的非线性参数，通过标定可在一定程度上同时压制电桥本身和铂电阻测温效应本身同时存在的非线性。

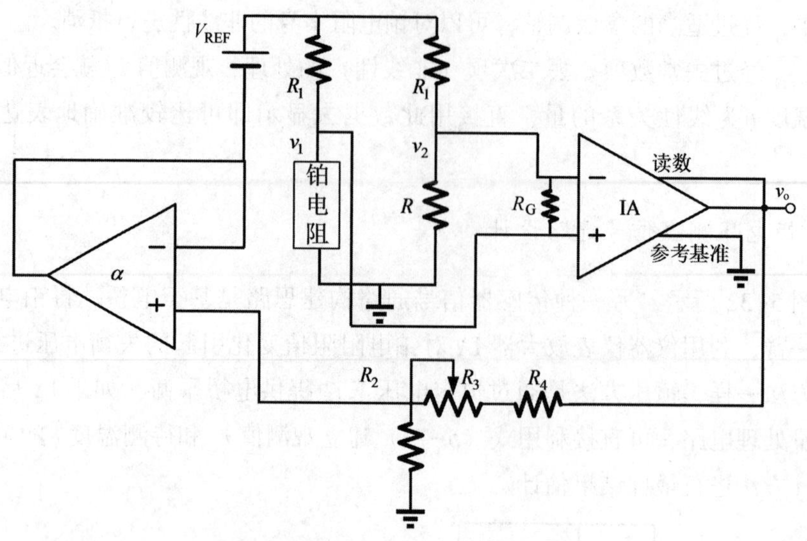

图 5-33　带有线性化处理的电桥测温电路

5.8　小结

本章以海洋传感器为主题引入传感器设计中的一般逻辑结构，即自然科学效应+信号通路设计，并将此结构与海洋成像探测仪器、海洋几何量测量仪器的设计思考进行对比，得到传感器或探测仪器设计的一般性逻辑结构。重点讲解了传感器信号通路中的阻抗匹配、放大与滤波、信号转换等原理，并以常用在传感器信号通路设计中的电子电路技术为对象，介绍了常用的电路结构，又对常用测量结果估计方法给出了原理解释，最后以铂电阻温度传感器的设计为实例，介绍了对应的信号通路结构。

本章内容涵盖范围较广，涉及运算放大器、滤波、调制解调、最优估计等传感器设计常用的多方面知识，旨在从一个相对统一的视角对传感器设计问题勾勒出相关知识结构，使读者在可能涉及的相关工作中能够从本章知识结构中得到指导。

主要参考书目

陈爱军，2018. 深入浅出通信原理［M］. 北京：清华大学出版社.

陈鹰，2014. 海洋技术定义及其发展研究［J］. 机械工程学报，50（2）：1-7.

陈鹰，2018. 海洋技术教程［M］. 杭州：浙江大学出版社.

冯士筰，李凤岐，李少菁，1999. 海洋科学导论［M］. 北京：高等教育出版社.

顾樵，2012. 数学物理方法［M］. 北京：科学出版社.

胡斌，吉玲，胡松，2012. 电子工程师必备：九大系统电路识图宝典［M］. 北京：人民邮电出版社.

惠俊英，生雪莉，1992. 水下声信道［M］. 北京：国防工业出版社.

李启虎，2012. 声呐信号处理引论［M］. 北京：科学出版社.

斯科尼克，2014. 雷达系统导论［M］. 3 版. 左群声，等，译. 北京：电子工业出版社.

孙大军，田坦，2000. 合成孔径声呐技术研究（综述）［J］. 哈尔滨工程大学学报（01）：51-56.

田坦，2007. 水下定位与导航技术［M］. 北京：国防工业出版社.

田坦，2011. 声呐技术［M］. 哈尔滨：哈尔滨工程大学出版社.

吴大正，杨林耀，张永瑞，等，1998. 信号与线性系统分析［M］. 北京：高等教育出版社.

熊秉衡，李俊昌，2009. 全息干涉计量：原理和方法［M］. 北京：科学出版社.

徐启阳，杨坤涛，王新兵，2002. 蓝绿激光雷达海洋探测［M］. 北京：国防工业出版社.

远坂俊昭攻，2006. 测量电子电路设计：模拟篇［M］. 彭军，译. 北京：科学出版社.

周立，2013. 海洋测量学［M］. 北京：科学出版社.

AGARWAL A，LANG J，2005. Foundations of analog and digital electronic circuits［M］. Boston：Elsevier.

BLONDEL P，2010. The handbook of sidescan sonar［M］. New York：Springer Science & Business Media.

DE SILVA C W，2016. Sensor systems：Fundamentals and applications［M］. Boca Raton：CRC Press.

FLEISCH D，KINNAMAN L，2015. A student's guide to waves［M］. Cambridge：Cambridge University Press.

LEE H，2016. Acoustical Sensing and Imaging［M］. Boca Raton：CRC Press.

MAHAFZA B R，2000. Radar systems analysis and design using MATLAB.［J］. IEEE Aerospace & Electronic Systems Magazine，21（3）：19-30.

NAYLOR A W，SELL G R，2000. Linear operator theory in engineering and science［M］. New York：Springer Science & Business Media.

PAPOULIS A, PILLAI S U, 2002. Probability, random variables, and stochastic processes [M]. New York: Tata McGraw-Hill Education.

SHEA J J, 2000. The measurement, instrumentation and sensors handbook (Book Review) [J]. IEEE Electrical Insulation Magazine, 16 (4): 34-34.

SIEBERT W M C, 1986. Circuits, signals, and systems [M]. Messachuestts: MIT press.

TRUJILLO A P, THURMAN H V, 2008. Essentials of oceanography [M]. Lnudon: Pearson Education.